普通高等教育“十三五”系列教材

电机学实验实训及实习综合技术指导书

主编　杨睿

中国水利水电出版社
www.waterpub.com.cn
·北京·

内 容 提 要

本书是以“电机学”课程相关的实践教学环节为依托编写的实验、实训和实习专用教材。全书共分为4篇，其中基础知识篇介绍了实验准备工作、实验中物理量的测量等内容；电机学实验篇依次介绍了认识实验、变压器实验、三相异步电动机实验、三相同步发电机实验、直流电机实验；异步电动机变频调速控制系统实训篇介绍了异步电动机起动控制器实训、变频器及调速控制系统实训；电机常用维护技能实习篇介绍了维护相关的基础知识、异步电动机的安装与维护、异步电动机的故障分析与处理。

本书主要供各类应用型本科院校电机学及其相关课程的实验、实训和实习教学使用，也可为从事电机使用、维修、生产、销售和售后等相关工作技术人员提供一定的帮助。

图书在版编目（CIP）数据

电机学实验实训及实习综合技术指导书 / 杨睿主编. -- 北京 : 中国水利水电出版社, 2020.4(2021.3重印)
普通高等教育“十三五”系列教材
ISBN 978-7-5170-8269-9

Ⅰ. ①电… Ⅱ. ①杨… Ⅲ. ①电机学－实验－高等学校－教材 Ⅳ. ①TM3-33

中国版本图书馆CIP数据核字(2020)第061912号

书　　名	普通高等教育“十三五”系列教材 **电机学实验实训及实习综合技术指导书** DIANJIXUE SHIYAN SHIXUN JI SHIXI ZONGHE JISHU ZHIDAOSHU
作　　者	主编　杨　睿
出版发行	中国水利水电出版社 （北京市海淀区玉渊潭南路1号D座　100038） 网址：www.waterpub.com.cn E-mail：sales@waterpub.com.cn 电话：(010) 68367658（营销中心）
经　　售	北京科水图书销售中心（零售） 电话：(010) 88383994、63202643、68545874 全国各地新华书店和相关出版物销售网点
排　　版	中国水利水电出版社微机排版中心
印　　刷	清淞永业（天津）印刷有限公司
规　　格	184mm×260mm　16开本　10.25印张　249千字
版　　次	2020年4月第1版　2021年3月第3次印刷
印　　数	1561—4560册
定　　价	**30.00**元

前言

“电机学”是电气工程及其自动化专业的一门重要的专业基础课程，而与其相配套的实验、实训和实习教学环节是培养学生动手能力，增加感性认识的重要教学环节支撑体系。历年来的教学实践表明，本专业的毕业生大多数都会从事相关领域的工作，接触并使用电机及其相关产品。因此，编纂一部与电机综合实验及维护检修技术相关的教材显得尤为重要和紧迫。本书希望能从与本学科相关的大部分实践教学环节的整体角度出发，对实践教学环节的教学内容、过程以及方法进行详尽的论述，并尽最大可能让读者在使用本教材进行实验、实训和实习的过程中，能够根据教材中所引出的与实验、实训和实习相配套的理论和工程技术相关知识点，触类旁通地去学习其他方面的电机相关知识，达到培养学生综合使用和操作各类电机的实践能力，做到理论与实践相结合的目的。

全书分为4篇。绪论篇为基础知识，共有两章，包括实验准备工作、实验中物理量的测量等内容。第1篇为电机学实验，共有5章，包括认识实验、变压器实验、三相异步电动机实验、三相同步发电机实验、直流电机实验等内容。第2篇为异步电动机变频调速控制系统实训，共有两章，包括异步电动机起动控制器实训、变频器及调速控制系统实训等内容。第3篇为电机常用维护技能实习，共有3章，包括电机维护的基础知识、异步电动机的安装与维护、异步电动机的故障分析与处理。

本书由杨睿主编，朱志莹和黄瑛等人参与编写。其中第1章由朱志莹和黄瑛共同编写，第2～12章由杨睿编写，全书由杨睿统稿。

书中的部分内容得到了浙江求是科教设备有限公司的协助，同时参考并借鉴了国内外部分院校的相关教材及文献资料，在这里谨向原著作者们表示由衷的感谢。在本书的编写过程中，南京工程学院电力工程学院郝思鹏教授和李祖明副教授等分别对本书的第3～9章的内容提出了许多宝贵意见和建议，使编者受益匪浅。此外，本书还得到了东南大学王建华副研究员，南京航空航天大学王宇副教授的指点与帮助，对全书的部分内容提出了许多中肯的宝贵意见，在此表示诚挚的谢意。

因编者水平有限，加之时间仓促，书中难免存在疏漏和不妥之处，恳请广大读者和国内外的同行专家不吝指正。

编者

2019年12月

目　录

前言

绪论篇　基　础　知　识

第 1 篇　电　机　学　实　验

绪论篇　基　础　知　识

第1章　实　验　准　备　工　作

1.1　实　验　基　本　要　求

电机学是电气工程及其自动化专业的一门重要的基础课程，其理论性强，抽象概念多，涉及的基础理论和知识面较为广泛。与课程配套的电机学实验同时涉及电、磁、热、力等多方面的综合知识，是电机学课程的一个重要组成部分。同时，通过实验教学过程培养学生的动手能力，可以更好地促进学生学好电机学这门课程。通过电机学实验教学环节学生可以掌握基本的实验方法与操作技能，培养学生分析问题、解决问题和实际动手的能力，包括根据实验目的自行连接实验线路，选择所需仪表，确定具体实验步骤，测取所需实验数据，进行分析与研究，得出必要的结论，最终完成一份合格的实验报告。

1.1.1　实验步骤

1. 实验预习

学生进行实验前应当认真复习与本次实验相关部分理论课的内容，通过观看在线的实验演示视频对实验的大致情况有所了解，并仔细的查阅和研读实验教材，了解实验目的、项目、方法与步骤，明确实验过程中应注意的问题，了解实验过程中要用到的实验台挂箱、仪表和电机类型，熟知实验过程中需要记录的各类数据，并按照实验项目准备数据记录表格等。学生应牢记各类安全注意事项，熟悉要进行的实验的目的、项目、方法与流程；在实验开课前应当完成一份实验预习报告，经指导老师逐一检查并确认已经做好了实验前的准备后，方可进入实验室。

2. 实验准备

学生应根据教学计划安排的时间提前10～15min到达实验室，并带齐预习报告、实验指导书、理论课教材和文具等物品。由班长组织进行实验分组，通常每小组由3～4人组成，小组成员在实验过程中应当有明确的分工（例如：观察现象、调节仪器设备、记录数据、整理数据、应急处理等），每小组依次按需要拿取一定数量的实验导线，并仔细观察本次实验的对象，记录电机的编号、铭牌和额定值等参数。本次实验中暂时不用的设备应整理好放在一边，以免用错发生意外。与实验无关的任何物品（例如：书包、衣物、食品、饮料等）不能放在实验台及仪器设备上，应当根据指导老师的要求放在远离实验台的安全区域。

3. 实验实施

（1）指导老师演示和讲解。首先由指导老师对实验目的、实验内容和实验现象进行详细的讲解及演示，学生认真听讲，仔细观察演示过程中发生的一系列现象和结果，理解指导老师所讲解内容的重点与难点，做好详细的记录工作。

（2）学生接线并由指导老师进行检查。学生在接线前认真读原理图，熟悉该次实验所用的仪表、组件，记录电机铭牌和选择仪表量程，然后按照实验线路图对所选组件、仪表进行接线，线路力求简单明了。接线原则是首先从电源输入端接起，最后接负载端；先接串联主回路，再接并联支路。为查找线路方便，交流电中的 A、B、C 三相应当分别用黄、绿、红 3 种颜色的导线进行连接；直流电中的正、负极分别用红、黑两种颜色的导线进行连接。每实验小组第一次接线完毕后，必须请指导老师进行检查，在确认无误后，方可进行通电操作，严禁一切未经检查擅自通电的行为。

（3）操作并观察设备和仪表。必须严格按照规范操作设备和起停电机。合闸通电前，要检查相关设备（例如：调压器、变阻箱、励磁电源和电枢电源等）是否在正确的位置上。在调节电阻、电压、电流、转速等物理量的数值时，必须考虑到与其他物理量的变化关系，注意观察重要的物理量是否超过额定值，仪表读数是否正常。如果发生不明原因的故障，首先应当立即停车并断电，随后在指导老师的帮助下，判断分析原因并排除故障，再次重新合闸通电；当实验台和电机运行一段时间后，如果一切正常，即可正式开始实验。每小组内应明确分工、统一指挥，避免发生因配合不当，而导致设备短路或过载，最终致使其损坏的事故。

（4）测量并记录数据。实验过程中应当采用正确的方法读取并记录数据，当测量仪表读数来回波动时，一般取波动的中间值作为最终数据。读数据时，注意测量仪表读数的基准单位（例如：有的基准单位是 kW 而不是 W）。用记录的数据绘制特性曲线时，应当注意选取所记录数据的间隔（例如：对于空载特性曲线，一般在额定点附近要多记录几个数据点，远离额定点可以少记录几个数据点）。数据记录表格要清晰，尽量避免涂改。对所作记录的数据应当及时检查其正确性和合理性，剔除不正确和不合理的数据点。

4. 实验整理

实验的所有步骤完成后，学生应先自行检查记录的数据，确认无误后再请指导老师进行检查，指导老师认可后方可结束实验。若实验数据不符合要求则需要按照操作流程重新进行实验。结束实验前务必严格按照规范停车并断电。学生应将拆下的导线放回导线架上，同时确认实验台、变阻箱、励磁电源、电枢电源等设备全部恢复到初始状态后，方可离开实验室。

1.1.2 实验安全

安全一直是整个电机学实际教学过程中必须关注的重中之重。大功率实验电机具有功率高、转速快和电流大的特点。在实验过程中，如果麻痹大意，很容易发生事故，造成设备损坏甚至人身伤害。为了平稳顺利地开展实验，确保人身安全和实验台设备的正常运行，在进行实验的过程中，务必要牢固树立起“安全第一”的思想，并严格按照规定的流程来进行实验操作，关于实验安全有如下的注意事项。

1. 电机操作安全

（1）注意卷入电机的危险。电机运行时，女生应将辫子或长发挽起，同时防止围巾、带子、衣物的多余部分和较长的导线等物品卷入电机的旋转部分。当需要观察电机运行状态和转向时，只需要在远处观察即可，切勿用手或脚去触碰电机任何的转动部分。

（2）负荷的增加和减小应当连续。起动电机时应当逐渐地从轻负荷状态到重负荷状态，结束实验时应当逐渐地减小电机负荷直至停车为止。严禁在重负荷情况下突然起动电机或者在重负荷情况下突然停车，否则可能会对电机的传动部分造成永久性的损坏。

（3）他励直流电动机严禁失磁运行。严禁他励直流电动机在正常运行状态时突然失去励磁电流。因为此时直流电动机定子磁场将降至剩磁水平，转子在原有的转速下只能产生较小的感应电动势，因此转子电流将急剧增加，随后电机的转速失去控制快速上升，以大电流大转矩加速运行，最终导致直流电动机的机械部分损坏，甚至造成严重的飞车事故。当发生此类现象时，应当立即切断电枢电源输入，让直流电动机迅速停车。

（4）防止异步电机直接起动时电流过大。三相异步电动机直接起动又名全压起动，即用普通开关将三相异步电动机直接接入电网。鼠笼式三相电动机采用直接起动时，定子绕组电流即起动电流很大（通常可达额定电流的4～7倍）。起动转矩倍数只有0.9～1.3，起动性能不佳。因此三相异步电动机采用直接起动操作时，要迅速和快捷，尽可能地缩短起动的时间。

2. 实验台操作及接线安全

（1）实验导线的使用。实验接线过程中，针对通过导线的不同大小的电流，应当采用不同粗细的实验导线。例如：在实验中通过有效值为10A及以下电流时，采用截面积为1.5mm^2的4号安全实验导线；通过有效值为10A以上电流时，应当采用截面积为2.5mm^2的5号安全实验导线。实验端子间应当采用单根线进行连接，禁止采用搭接或者串接的方法。拿取实验导线后，应当仔细检查导线的外观是否异常，如果出现绝缘皮开裂、导线丝外露、导线接头接触不良等情况，应当立即告知指导老师予以更换。

（2）接线过程中的安全注意事项。实验中接线完毕后，合闸通电之前，务必要让指导老师检查，并确认无误后，方可合闸通电。在实验过程中采用单手方式进行操作，严禁触碰任何裸露的带电导体。实验中严禁在合闸通电状态下进行接线或改动接线，在实验过程中如果需要改动接线，必须先切断实验台的输出电源，使电机停车，当确认实验电路中的电流和电压均降为0之后，再进行改动接线的操作，从而避免触电事故的发生。

（3）实验台操作的安全注意事项。配电柜控制屏上的总电源、各类漏电保护器和空气开关的接通和关闭应由指导老师来控制，严禁未经许可自行合闸。实验操作时手和脚应当保持干燥。操作实验台时，严禁穿拖鞋、凉鞋或者其他绝缘效果差的鞋子。应当穿具有较厚鞋底且绝缘良好的鞋子，并站在厚度为5mm以上的橡胶绝缘垫上进行操作。严禁在过载状态即大幅超过额定电流或电压的情况下，长时间地运行实验台和电机；当实验中需要短时间在过负荷、过电流或者过电压的情况下进行实验时，数据记录完毕后，应当及时将实验台和电机切换至额定工作状态或者停车。

3. 重要设备的操作安全

（1）励磁电源和电枢电源。在实验合闸通电之前，应当检查励磁电源和电枢电源的调节旋钮是否处于零位置。实验进行中，励磁电源和电枢电源的调节旋钮应当根据实验要求缓慢、细致和精准地进行调节，在调节时要时刻注意观察电机转速、电压表、电流表以及功率表读数的变化情况。结束实验前，确认电枢电源和励磁电源调节旋钮是否已经回到零位置上后，再断开实验电路的总开关。

（2）变阻箱。在实验合闸通电之前，变阻箱的两个电阻调节旋钮应当回到最大电阻值的位置，并检查电阻复位指示灯和过流指示灯是否已经复位并熄灭。实验通电过程中，严禁按下电阻复位按钮，否则将会产生较大的冲击电流，可能会对变阻箱造成永久性的损坏；当实验结束并确认电流降为 0 后，方可按下电阻箱的复位按钮，使被短接掉的电阻复位，重新接回负载电路中，并将两个电阻调节旋钮重新旋回到最大电阻值的位置。

（3）自耦调压器。在实验台通电前，自耦调压器输出电压调节旋钮应当处于 0V 的位置上；在实验过程中，自耦调压器的调节旋钮应当根据实验要求缓慢、细致和精准地进行调节；在调节时要时刻注意观察电机的转速，电压表、电流表以及功率表读数的变化情况。在结束实验断电之前，应当将调节手柄的旋钮旋回到 0V 的位置上，再断开实验电路的总开关。

（4）各类测量表计。实验台上的各类测量表计要注意选择合适的量程，正确地接线。直流电流表、直流电压表的正、负极及交流电流表、交流电压表的接线端子切勿弄混和接错。

4. 特殊情况的应对与处理

（1）实验台异常。实验过程中要保持高度警觉，如果发现一些异常现象，例如设备冒烟、产生焦味、声音异常等，应立即切断实验台总电源并迅速远离实验台，同时请指导老师进行检查处理。

（2）触电事故。如果发生触电事故，应当立即切断电源，并用干燥的绝缘木、竹竿、布等物将电源线从触电者身上拨离。

（3）火灾事故。如果发生明火燃烧事故，应当立即切断电源，沉着冷静，切勿惊慌失措，使用就近的干粉灭火器及时扑灭明火。

1.1.3 实验报告

实验课结束后，学生需要对实验进行的过程进行详细的总结和分析，将实测数据和在实验中观察、发现的问题，经过自己分析研究和小组讨论后，独立撰写一份完整的实验报告。电机学实验报告有如下的要求。

1. 实验报告的格式要求

（1）实验报告要写在一定规格的报告纸上，采用统一的封面，内容简明扼要、字迹清楚、图表整洁、结论明确。

（2）实验报告务必要独立完成，严禁抄袭，一经发现，一律判为 0 分。

（3）实验报告中的各类数据单位、所采用的公式、各物理量的字母符号要符合本专业的要求。

（4）绘制曲线时建议使用专用坐标纸，图纸尺寸不小于 8cm×8cm，并按照顺序粘贴在实验报告的适当位置。

2. 实验报告的内容要求

一份完整实验报告应当包括：实验报告头、实验目的、实验仪器设备、实验原理和线路图、实验操作过程、原始数据记录、实验曲线、实验结果分析、实验心得等方面的内容。各部分应完成的内容如下所述。

（1）实验报告头部分。写明实验名称、专业班级、学号、姓名、实验日期、环境温度、实验台编号等。

（2）实验仪器设备部分。列出实验中所用部件的名称及编号、电机主要铭牌数据等。

（3）实验原始数据记录部分。将实验过程中所记录的数据进行整理、计算和分析后，以表格的形式清晰地展现在实验报告中。

（4）实验数据处理和曲线绘制部分。根据记录及计算的数据利用坐标纸画出曲线，曲线要用曲线尺或曲线板连成光滑曲线，不在曲线上的点仍按实际数据标出。

（5）实验分析部分。根据所记录的数据和所绘制的曲线进行详细的分析，说明实验结果与理论是否符合，并针对实验过程中出现的各种正常和异常的现象进行详尽地分析，对某些问题提出自己的见解并给出最后的实验结论。

（6）实验心得部分。需要每位同学独立地撰写，包括通过本次实验收获了哪些在理论课上没学到的内容，重点明白了哪些原理，解决了哪些问题，掌握了哪些理论知识，培养了哪些能力等方面的内容。

1.2 实验数据误差

1.2.1 定义

1. 测量的定义

所谓测量，是指采用特定的实验方法，将待测物理量与选作计量标准的同类物理量进行比较，得出其倍数值的过程。倍数值称为待测物理量的数值，选作的计量标准称为单位。测量是一种对被测量定量认识的过程。因此，表示一个被测对象的测量值必须包括数值和单位。测量包含四个重要的要素：测量的客体（即测量对象）、计量单位、测量方法、测量准确度。

2. 误差的定义

误差是实验学的一种专业术语。实验测量的目的就是要得到被测量的真值，但在实际测量过程中，由于受测量方法、测量仪器、测量条件、实验观测者水平、计算方法出现某些错误等诸多因素的限制，只能获得被测物理量的近似值。因此，误差是指一个被测物理量的直接测量值或计算值 x 与其真实值 x_0 之间的差值，误差表示了测量结果偏离真值的程度。

由测量所得的一切数据，都毫无例外地包含有一定数量的测量误差。对任何一个物理量进行的测量都不可能得出一个绝对准确的数值，没有误差的测量结果是不存在的。测量误差存在于一切测量之中，贯穿于测量过程的始终。随着科学技术水平的不断提高，测量误差可以被控制得越来越小，但是永远不会降低到0，也就是说，误差是不可避免的。

3. 误差的表示方法

电机学实验中误差的常用表示方法有：绝对误差、相对误差。

（1）绝对误差。绝对误差是一个与测量值或真值具有相同量纲的数值，它表示测量值偏离真值的程度。其计算公式为：$\Delta x = x - x_0$。其中：Δx 表示绝对误差，x 表示测量值，x_0 表示真值。绝对误差有正、负之分，当测量结果大于真值时，绝对误差为正值，反之为负值。

(2) 相对误差。相对误差指测量的绝对误差与被测量的真值之比，其计算公式为：$\varepsilon=\frac{\Delta x_1}{x_0}\times 100\%=\frac{x_1-x_0}{x_0}\times 100\%$。其中：$\varepsilon$ 表示相对误差，Δx 表示绝对误差，x_0 表示真值。相对误差表示了绝对误差在真值中所占的比例，一般可以用百分比（%）、千分比（‰）、万分比（‱）来表示，但常以百分比表示。相对误差是一个无量纲的数值，可以用来比较不同测量值的准确度。

1.2.2　分类

电机学实验测量中所产生的误差，按其产生的原因和来源，可分为系统误差、随机误差和粗大误差三种。

1. 系统误差

系统误差是指在相同条件下，多次测量同一物理量时，误差的大小恒定，符号总偏向一方或误差按照某一确定的规律变化所产生的一种误差。系统误差又称为可定误差。根据系统误差的来源，一般又可将系统误差分为：仪器误差、理论误差、环境误差和人员误差。

2. 随机误差

随机误差又称为偶然误差，是指在同一测量条件下，对同一测量值进行多次测量时，绝对值和符号以不可预知的方式变化，且以随机方式分布的一种误差类型。当测量数据足够多时，随机误差的大小和符号服从统计学上所谓的“正态分布”或“高斯分布”。随机误差是由许多影响甚微的因素造成的，产生随机误差的原因十分复杂，例如：电磁场的微变，零件的摩擦、间隙，热起伏，空气扰动，气压及湿度的变化，测量人员的感觉器官的生理变化等，以及它们的综合影响都可以产生随机误差。

3. 粗大误差

粗大误差简称粗差，通常又称为过失误差。它是指测量结果明显超出规定条件下预期值的误差，是一种明显歪曲测量结果的误差。一般地，给定一个显著性的水平，按一定条件分布确定一个临界值，凡是超出临界值范围的值，都是粗大误差。

产生粗大误差的原因是多方面的，大致可归纳为以下两方面。

(1) 外界条件的客观因素。测量条件和环境意外地改变［例如：机械撞击、电压和电流突变、机械冲击、外界震动、电磁（静电）干扰、气流变化、光照干扰、仪器故障、使用了具有缺陷的仪器等］引起了测试仪器的测量值异常或被测物品的位置相对移动。

(2) 测量者的主观因素。测量者工作责任心不强、体脑疲劳、缺乏经验、操作不当，或在测量时不小心、不耐心、不仔细等，造成错误的读数或记录。

1.2.3　减小误差的方法

电机学实验中，为了尽可能减小测量过程中的误差，首要任务是大幅度减小系统误差对测量结果的影响。通常对实验数据的处理采用如下措施：首先，剔除含有粗大误差的坏值；其次，进行多次测量以削弱随机误差；最后，尽可能地消除或削弱系统误差。

1. 减小粗大误差的主要方法

由于粗大误差不具有抵偿性，因此在实际测量过程中不能被彻底消除，只能在一定程度上减少其对测量数据结果的影响。在测量过程中一般采用以下三个手段来避免粗大误差的产生。

（1）加强测量人员的工作责任心和严谨的科学态度，实验前加强对测量人员在仪器熟悉与掌握程度方面的培训。

（2）测量人员在实验过程中应当务必认真、耐心和细致地对待每一个测量数据，并尽最大可能避免错误的读数和错误的记录。

（3）保证测量条件的稳定，应避免在外界条件发生激烈变化（例如突然震动、电磁干扰等）时进行测量。

2. 减小随机误差的主要方法

由于随机误差的特殊性，不能用修正或采取某种技术措施的方法来完全消除随机误差。除了尽可能多地增加测量数据量之外，减小随机误差主要依靠改进实验方法和改进测量技术。在实验过程中减小随机误差的方法一般有以下三种。

（1）使用精确度高的测量仪器。由于随机误差是因为仪器的不精确性和不稳定性引起的，因此应当使用更可靠、更精密和更稳定的仪器来减小这种偶然发生的误差。

（2）尽可能多地增加测试数据样例。随机误差相对于少量的测量数据来说，没有任何的规律，但是当测量的数据样例足够多时，可以从理论上估计出随机误差对测量结果的影响，从而采用一些方法估算出随机误差的大小。

（3）采用统计学原理进行分析。随机误差的出现具有随机性。因此，必须经过多次重复测量得到一系列测量值，发现其遵循的统计规律，借助概率论和数理统计学的原理来进行研究，从而得到正确的评定。一般认为大多数的随机误差都服从正态分布，服从正态分布的随机误差都具有四个特性：对称性、单峰性、有界性和补偿性。根据正态分布的这四个特性，当测量数据样例足够多时，可以利用统计学的理论和方法估算出随机误差的大小。

3. 减小系统误差的主要方法

系统误差是测量误差的主要来源，在任何一项实验工作和具体测量中，最大限度地减小或消除一切可能存在的系统误差，是实验测量工作的主要任务之一。在测量过程中，系统误差经常不易被人们发现而存在于测量过程中。系统误差不像随机误差那样可以通过统计处理的方法来削弱，一般应通过校准测量仪器、改进实验装置和实验方案、对测量结果进行修正等方法尽可能地减小系统误差。在实际操作中主要有以下几种方法来减小系统误差。

（1）从产生误差根源上消除系统误差。这是最根本的方法，它要求测量人员对测量过程中可能产生系统误差的环节仔细地分析，并在测量前就将误差从产生根源上予以消除。例如：为了防止产生调整误差，要正确调整仪器，并选择恰当的测量条件。

（2）用修正方法消除系统误差。这种方法是预先将测量仪器的系统误差检定或计算出来，作出误差曲线，然后取与误差数值大小相同而符号相反的值作为修正值，将实际测量值加上相应的修正值，即可得到不包含该系统误差的测量结果。由于修正值本身也包含有一定误差，因此用修正值消除系统误差的方法，不可能将系统误差全部消除，总会残留少量系统误差，对这种残留的系统误差则应按随机误差进行处理。

（3）固定不变的系统误差的消除方法。对测量值中存在的固定不变的系统误差，常用以下几种消除法：

1）代替法。代替法的实质是在测量仪器上测出被测量后，不改变测量条件，立即用一个标准量代替被测量，放到测量仪器上再次进行测量，从而求出被测量与标准量之间的差值。即

$$被测量=标准量+差值$$

2）补偿法。这种方法要求进行两次测量，随后改变某些测量条件使两次读数时出现的系统误差大小相等，符号相反。取两次测得值的平均值作为测量结果，即可消除系统误差。

3）交换法。这种方法是根据误差产生原因，将某些条件交换，使产生系统误差的原因对测量结果起相反的作用，以达到抵消系统误差的目的。

（4）线性系统误差的消除方法。很多误差都随时间变化，在短时间内均可认为是线性变化，此时，按复杂规律变化的误差，可近似地作为线性系统误差处理，对称法是消除线性系统误差的有效方法，将测量对称安排，取各对称点两次读数的算术平均值作为测得值，即可消除线性系统误差。对随时间变化而产生的线性系统误差，在一切有条件的场合，均宜采用对称法进行消除。

（5）周期性系统误差的消除方法。消除周期性系统误差可以采用半周期法，即相隔半个周期进行一次测量，取两次读数的平均值，即可有效地消除周期性系统误差。

1.3　有效数字及其运算法则

1.3.1　定义

在表示测量结果的数字中，一般只保留一位欠准确数，即数字的最后一位为欠准确数，其余均为准确数。正确而有效地表示测量和实验结果的数字称为有效数字，由所有准确数字和一位欠准确数字构成，这些数字的总位数称为有效位数。

有效数字是指在实验过程中实际能够测量到的所有数字，包括最后一位估计的，不确定的数字。通过直读获得的准确数字称为可靠数字，通过估读得到的那部分数字叫存疑数字，把测量结果中能够反映被测量大小的、带有一位存疑数字的所有数字称为有效数字。

1.3.2　读数原则

直接测量读数应反映出有效数字，一般应估读到测量器具最小分度值以下的一位欠准确数。一个物理量的数值与数学上的数字表达有着不同的含义。在数学意义上 $2.00=2.0$，但在物理测量（例如：长度测量过程）中，$2.00\text{cm}\neq 2.0\text{cm}$，因为 2.00cm 中的前两位“2”和“0”是准确数，最后一位“0”是欠准确数，共有三位有效数字。而 2.0cm 则有两位有效数字。实际上这两种写法表示了两种不同精度的测量结果，所以在记录实验测量数据时，数字末尾或中间的 0 是有效数字，不能随意增减。

1.3.3　取舍规则

有效数字运算规则和数字取舍规则的目的是保证测量结果的准确度不因数字取舍不当而受到影响，同时也可以避免因保留一些无意义的欠准确数字而增加计算处理的工作量。数字的取舍采用“四舍六入五凑偶”的原则，即：若末位为 4 或 4 以下的数，应“舍去”；

若为6或6以上的数，应“入”；若末位数字为5，前一位数为奇数时，应“入”，前一位数为偶数时，应“舍”。通过取舍，总是把前一位凑成偶数。通过这种取舍规则可以使得有效数字“入”和“舍”的机会均等，以避免采用传统的“四舍五入”规则处理较多数据时，因入多舍少而引入计算误差。

例如：将下列数据保留到小数点后第二位。

8.0861→8.09、8.0845→8.08、8.0850→8.08、8.0754→8.08、8.0656→8.06

1.4　实验数据的处理方法

实验数据的处理过程就是将实验测得的一系列数据经过计算整理后，用最适宜的方式表示出来，它包括数据记录、整理、计算和分析等步骤。最终寻找出测量对象的内在规律，得出正确的实验结果。电机学实验过程中需要记录一定量的数据，因此，数据处理是电机学实验过程中不可缺少的一部分。电机学实验中常用的数据处理方法有以下两种。

1.4.1　列表法

在电机学实验中，对一个物理量进行多次测量，或者测量出几个量之间的函数关系后，为了发现所记录的实验数据中的自变量与因变量的对应关系，而列出数据表格形式的方法称为列表法。列表法的优点是可使大量数据表达清晰醒目，有条理，易于核查和发现问题，避免差错，同时有助于反映出物理量之间的相互关系和规律，是标绘曲线和整理成为方程的前提条件。列表法设计的表格一般要求简明紧凑、合理美观，便于比较数据。列表法的基本步骤如下。

1. 表头记录

首先要写明数据表格的名称，必要时还应记录有关参数。例如：引用的物理常数、实验时的环境参数（温度、电压幅值、有功功率大小等）、测量仪器的误差限等。

2. 表栏目设计

各栏目均应注明所记录的物理量的名称（符号）和单位。各单位及被测量的数量级应写在标题栏中，不应重复记在各个数值上面。栏目的顺序应充分注意数据间的联系和计算顺序，力求简明、齐全、有条理。

3. 表内数据记录

表中的原始测量数据应正确反映有效数字，数据不能随便涂改，确实要修改数据时，应在原来数据上画一条杠以备随时查验。

4. 函数关系计算

对于函数关系的数据表格，应按自变量由小到大或由大到小的顺序排列，以便于判断和处理。实验数据表格中除了原始测量数据外还应包括相关的计算结果，包括一些中间计算结果，例如：平均值、误差或不确定度等。

1.4.2　作图法

在电机学实验中，作图法也是一种用于处理实验数据的重要方法。作图法简明直观，能够明显地表示出实验测量数据之间的关系，可以找出两个物理量之间的函数关系，而且能从图线上直接观察到变量的极大值、极小值、转折点、斜率、截距和周期性等特征。电机学实验作图时常用的坐标系有普通直角坐标系、半对数坐标系和双对数坐标系等，应当根据物理量之间的函数关系选择合适的坐标纸。作图法的基本步骤如下。

1. 选择合适的坐标纸

常用的坐标纸有直角坐标纸（即：毫米方格纸）、半对数坐标纸、双对数坐标纸和极坐标纸等。坐标纸的大小要根据实验数据的有效数字和对测量结果的需要来确定。原则上应能包含所有的实验点，并且尽量不损失实验数据的有效数字位数，即图上的最小格与实验数据的有效数字的最小准确数字位对应。

2. 确定坐标轴和注明坐标分度

通常用横坐标（x 轴）表示自变量，用纵坐标（y 轴）表示因变量，在坐标纸上画出坐标轴，并用箭头表示出方向，注明坐标轴所代表的物理量的名称（或符号）及单位。在坐标轴上每隔一定间距，用整齐的数字标明物理量的数值，并标注坐标分度。

3. 正确标出测量标志点

实验数据点应当标在实验测量数据对应的坐标位置上，一般在图纸上用“×”符号标出。若在一张图上同时作几条实验曲线，各条曲线的实验数据点应该用不同符号（例如：“+”“⊙”等）标出，以示区别。作完图后的标号“×”一般不需要擦掉。

4. 连接实验图线

用直尺、曲线板和削尖的 HB 铅笔，根据实验数据点的分布趋势作光滑连续的曲线或直线（除校准曲线外，一般都不连折线）。连线要用透明直尺或三角板、曲线板等拟合。因为测量值有一定误差，所以图线不一定要通过所有的数据点，但应均匀分布在曲线的两侧，与曲线的距离尽可能小。个别偏离曲线较远的点，应检查该数据点是否错误，若核实该点可能是错误数据，则在连线时不予考虑。

5. 图注和说明

在图纸的明显位置上标明图线的名称、作者、作图日期和简单说明（例如：实验条件、数据来源、图注等）。图线的名称要正确完整，不要随意简化，以免意义不清。最后将图纸粘贴在实验报告纸上。

第 2 章　实验中物理量的测量

2.1　电流和电压的测量

2.1.1　交流电流表的原理

1. 交流电流表的组成结构

磁电式交流电流表为常用的测量闭合回路交流电流大小的仪表。当电流通过线圈时，导线受到安培力的作用，线圈两边所受安培力的方向相反，安装在轴上的线圈就会转动。一种磁电式交流电流表的原理如图 2.1 所示。

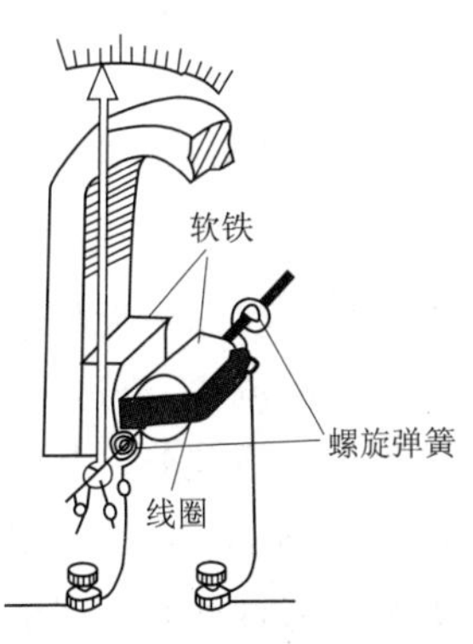

图 2.1　一种磁电式交流电流表的结构原理图

在蹄形磁铁的两极间有一个固定的圆柱形铁芯，铁芯外面套一个可以绕轴转动的铝框，铝框上绕有线圈，铝框的转轴上装有两个螺旋弹簧和一个指针。线圈的两端分别接在这两个螺旋弹簧上，被测电流由这两个弹簧流入线圈。

由于蹄形磁铁和铁芯间的磁场是辐向均匀分布的，因此不管通电线圈转到什么角度，它的平面都跟磁感线平行。因此磁场使线圈偏转的力偶矩 M_1 不随偏转角而改变。设电流表中通电线圈的匝数为 N，则线圈受到的力偶矩为 $M_1 = N_{BS}$。由于 N_{BS} 为定值，所以 M_1 的大小跟电流强度 I 成正比。设 $K_1 = N_{BS}$，则 $M_1 = K_1 I$。另外，线圈的偏转使弹簧扭紧或扭松，于是弹簧产生一个阻碍线圈偏转的力矩 M_2。M_2 跟偏角 θ 成正比，即 $M_2 = K_2\theta$，其中 K_2 是一个比例恒量。当 M_1 跟 M_2 平衡时，$K_1 I = K_2\theta$，即 $\theta = KI$，其中 $K = K_1/K_2$ 也是一个恒量。线圈就停在某一偏转角位置，固定在转轴上的指针也转过同样的偏角，指到刻度盘的某一刻度。由此可见，测量时指针偏转的角度跟电流强度成正比，也就是说，磁电式交流电流表的刻度应当是均匀的。当线圈中的电流方向改变时，安培力的方向随之改变，指针的偏转方向也随之改变，所以，根据指针的偏转方向和角度，可以知道被测电流的方向和大小，如图 2.2 所示。

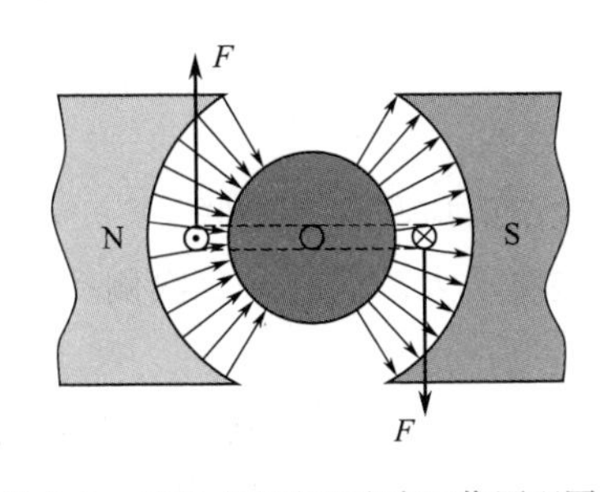

图 2.2　磁电式交流电流表工作原理图

2. 电流互感器

（1）作用。当被测线路上的交流电流的有效值比较大时，直接测量是非常危险的。因此，需要将一次系统的大电流按比例转换成小电流，再接入交流电流表中进行测量，电流互感器起到变流和电气隔离作用。它是电流测量仪表获得一次回路电流信息的传感器，电流互感器将大电流按比例转换成小电流，电流互感器一次侧接在一次回路中，二次侧接在测量仪表中使用。我国规定电流互感器的二次电流额定值为5A或1A。

(2) 结构。电流互感器的结构由相互绝缘的一次绕组、二次绕组、铁芯以及构架、壳体、接线端子等组成。其工作原理与变压器基本类似，一次绕组的匝数 N_1 较少，直接串联于一次回路中，一次电流 $\dot{I}_1$ 通过一次绕组时，因交变磁通感应产生按比例减小的二次电流 $\dot{I}_2$；二次绕组的匝数 N_2 较多，与仪表、继电器、变送器等电流线圈的二次负荷Z串联构成闭合回路，如图2.3所示。

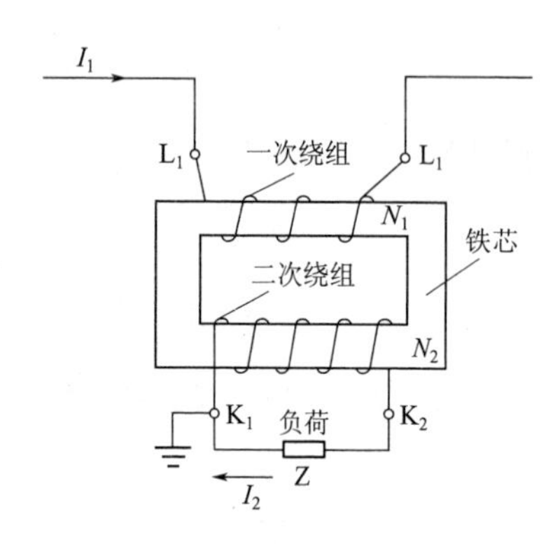

图2.3 电流互感器结构原理图

由于一次绕组与二次绕组有相同的磁动势：$I_1N_1=I_2N_2$，所以电流互感器额定电流比为：$\frac{I_1}{I_2}=\frac{N_1}{N_2}$。电流互感器实际运行中负荷阻抗很小，二次绕组接近于短路状态，近似于一个短路运行的变压器。

一次电流 I_1 流过一次绕组，建立起一次磁动势 I_1N_1，N_1 为一次绕组的匝数；一次磁动势分为两部分，其中一小部分用于励磁，在铁芯中产生磁通；另一部分用来平衡二次磁动势 I_2N_2，N_2 为二次绕组的匝数。将励磁电流记为 I_0，励磁磁动势 I_0N_1。平衡二次磁动势的这部分一次磁动势，其大小与二次磁动势相等，但方向相反。磁动势平衡方程式为

$$I_1N_1+I_2N_2=I_0N_1$$

在理想情况下，励磁电流为0，即电流互感器励磁不消耗能量，则有

$$I_1N_1+I_2N_2=0$$

若采用额定值表示，则有

$$I_{1N}N_1=-I_{2N}N_2$$

式中 I_{1N}、I_{2N}——一次、二次绕组的额定电流。

额定一次、二次电流之比为电流互感器额定电流比，简称为变比，即

$$K_N=\frac{I_{1N}}{I_{2N}}$$

3. 电流互感器使用注意事项

(1) 电流互感器的一次绕阻应与被测回路串联，而二次绕阻应与仪表串联。

(2) 应根据被测电流大小，选择合适的变比，否则误差将增大。同时，二次侧一端必须接地。

(3) 电流互感器的二次侧绝对不允许开路，否则一次侧电流 I_1 全部成为磁化电流，将会引起 φ_m 和 E_2 迅速增大，造成铁芯过度饱和磁化，发热严重甚至烧毁线圈。

2.1.2　交流电压表的原理

1. 交流电压表的结构

磁电式交流电压表工作原理和交流电流表类似，电压表内有一个磁铁和一个线圈，当通过电流时，会使线圈产生磁场，在磁场的作用下，通电线圈将会旋转，电流越大，导线线圈受安培力的作用产生的磁力越大，表现为电压表上的指针的摆幅越大，在 2.1.1 小节中已经详细介绍了其工作原理。交流电压表和交流电流表不同之处在于，交流电压表的内部电阻很大，一般大于几千欧。由于电压表要与被测电阻并联，所以如果直接将灵敏电流计当电压表用，仪表中的电流将会过大，并会烧坏电表，这时需要在电压表的内部电路中串联一个很大的电阻，这样由于大电阻的分压作用，在仪表两端的电压很小，所以通过仪表上的电流实际上也很小。

2. 电压互感器

（1）作用。电压互感器是进行交流电压测量的重要元件，一般的交流电压表可直接测量的电压范围在 600V 以下，在一般应用场合下，如果需要测量更高电压等级的交流电压，则需要通过电压互感器降压后，再使用普通电压表进行测量。

（2）原理。电压互感器是一种用于变换电压的特殊变压器，电压互感器的一次绕组并联接在被测回路中，二次绕组接入仪表中。电压互感器始终是一种降压变压器，所以一次绕组匝数较多，二次绕组匝数较少。总的来说，电压互感器的主要作用是将测量仪表低压侧的二次回路与高压侧的一次回路安全隔离，并取得固定的二次侧标准电压。这样可以减小测量仪表的尺寸。

电压互感器的工作原理如图 2.4 所示。

根据电磁感应定律可得

一次感应电势的均方根值为

$$E_1=\frac{2\pi f N_1}{\sqrt{2}}\Phi_{\mathrm{m}}$$

二次感应电势的均方根值为

$$E_2=\frac{2\pi f N_2}{\sqrt{2}}\Phi_{\mathrm{m}}$$

则有

$$\frac{E_1}{E_2}=\frac{N_1}{N_2}\approx\frac{U_1}{U_2}$$

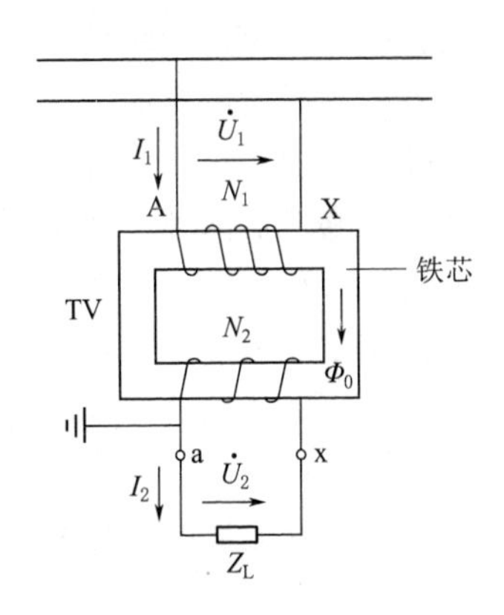

图 2.4　电压互感器的工作原理图

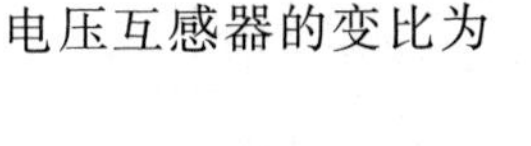

电压互感器的变比为

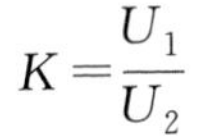

$$K=\frac{U_1}{U_2}$$

3. 电压互感器使用注意事项

（1）电压互感器在投入运行前要按照规定的项目进行试验检查。例如：测极性、连接组别、摇绝缘、核相序等。

（2）电压互感器的接线应保证其正确性，一次绕组和被测回路并联，二次绕组应接测量仪表并注意极性的正确性。

（3）接在电压互感器二次侧的负荷不应超过其额定容量，否则，会使互感器的误差增大，影响测量的准确性。

（4）电压互感器的二次侧不允许短路。因为电压互感器内的阻抗很小，当二次回路短路时，将会出现很大的电流，损坏二次设备甚至危及人身安全。

（5）为了确保人在接触测量仪表时的安全，电压互感器的二次绕组必须有一点接地。因为接地后，当一次绕组和二次绕组间的绝缘损坏时，可以防止测量仪表内出现高电压危及人身安全。

2.1.3 直流电流表的原理

1. 直流电流表的构造

磁电式的直流电流表的工作原理和交流电流表是类似的，是根据磁场对通电导线的作用原理制成的。直流电流表内有一个磁铁和一个导线线圈，通过电流时，会使线圈产生磁场，在磁铁的作用下线圈会旋转，电流越大，导线线圈受到安培力作用所产生的电磁力越大，表现为直流电流表上指针的摆幅越大，在2.1.1节中已经详细介绍了该原理。与交流电流表的不同之处在于，由于磁电式直流电流表的线圈是由很细的导线绕制成的，允许通过的电流很小，如果通入的电流超过允许值，就很容易烧毁，因此当测量大量程的直流电流信号时，磁电式直流电流表需要使用分流器，其作用是将大部分被测电流进行分流。对于10A以下的电流表多采用内置分流器，对于更大的电流，则使用专用的分流器。

2. 分流器

（1）作用。分流器是一个可以通过大电流的精确电阻，当电流流过分流器时，在它的两端会出现一个毫伏级的电压，用毫伏电压表来测量这个电压，再将这个电压换算成电流，就完成了大电流的测量。

（2）类型和规格。分流器广泛用于扩大仪表的测量电流范围，有固定式定值分流器和精密合金电阻器两种。用于直流电流测量的分流器有插槽式和非插槽式。分流器有锰镍铜合金电阻棒和铜带，并镀有镍层。其常用的额定压降有75mV和45mV，但也有特殊的型号，例如100mV、120mV、150mV及300mV等。

插槽式分流器的额定电流有以下几种：5A、10A、15A、20A和25A。

非插槽式分流器的额定电流从30A到15kA的标准间隔均有。

常用的分流器的外形如图2.5所示。

图2.5 常用分流器的外形图

（3）分流器的选取规则。在实际使用过程中，通常按照以下的步骤来选用分流器：

1）按所用直流电流表表盘上所标出的毫伏数选择分流器的额定压降规格（常用

75mV 或 45mV)。若所用电流表无此值，则根据以下公式计算表的电压量限，再选择分流器的额定压降规格。计算公式为

电压量限(mV)＝电流表满刻度时的电流(A)×电流表的内阻(Ω)/1000

2）按欲扩大的电流量程选择分流器的额定电流规格。

3）将选定分流器的两个电流端分别与电源和负载相连接，电位端接毫伏电压表，应注意直流电流表端子的极性要接对，这样直流电流表的量程就扩大到了分流器上标定的电流值。

4）当分流器选定后，直流电流表的满量程就是所选分流器的额定电流值，直流电流表的倍数（即表盘刻度每格电流数）为分流器的额定电流除于表盘刻度总格数。

（4）分流器的选取示例。例如：直流电流表拟采用一种满刻度为 75mV 的毫伏电压表。那么用这块毫伏电压表测量 20A 的电流时，则需要配一个在流过 20A 电流时产生 75mV 电压降的分流电阻，也称 75mV 分流器。分流器的电阻＝表头标志满度电压/表头满度电流。对于测量 20A 电流的直流电流表，所采用的分流器阻值为 $R=\frac{0.075\text{V}}{20\text{A}}=0.0375\Omega$，根据欧姆定律 $U=IR$，电流与电压成正比，电流和电压之间呈线性关系，所以就可以用一个量程为 75mV 的毫伏电压表来测量并显示 20A 的电流。

3. 分流器与直流电流表的连接

直流电流表和分流器是配套使用的。经过计算后，选用一个与电流表相匹配的分流器。一般分流器有四个螺栓，两个大的，两个小的。将两个大的螺栓串联接入待测电流信号的回路中。将两个小螺栓接入毫伏电压表信号的输入端，同时应当注意极性，电流流入分流器的那端为“正极”，接仪表信号输入端的“正输入端”；电流流出分流器的那端为“负极”，接仪表信号输入端的“负输出端”。连接方法如图 2.6 所示。

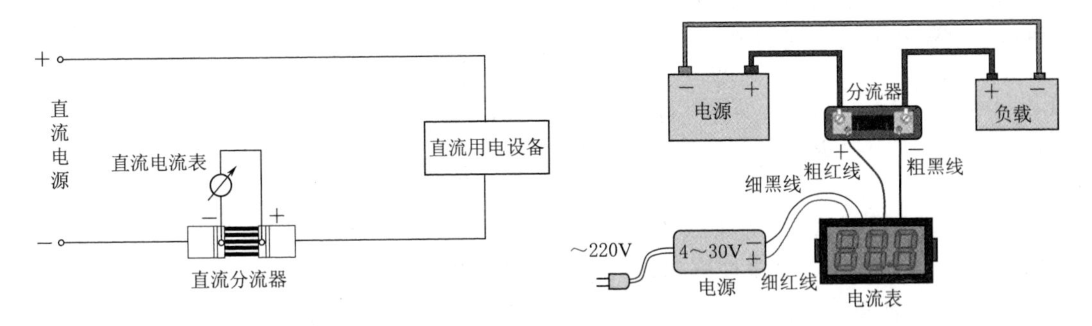

图 2.6　分流器和直流电流表接线原理图

4. 使用分流器的注意事项

（1）分流器一次回路的电缆（或铜排）与分流器连接处不允许有人为的接触电阻，二次电压的取样点不能从非取样点取样。

（2）分流器上的四个螺栓在接入电路时，应注意信号的极性，正极和负极不要接错。

（3）实际长时间通过分流器的电流建议不超过其额定电流的 80%。

2.1.4 直流电压表的原理

1. 直流电压表的构造

磁电式直流电压表和直流电流表的构造和工作原理基本类似，使用时直流电压表的两个接线端子与被测电路并联，正极性端与被测电路通向电路电源正极的一端相连，负极端与被测电路通向电路电源负极的一端相连，直流电压表的最大量程一般为几百伏，当需要扩大量程时，可以串联分压电阻。测量直流电压的接线原理如图 2.7 所示。

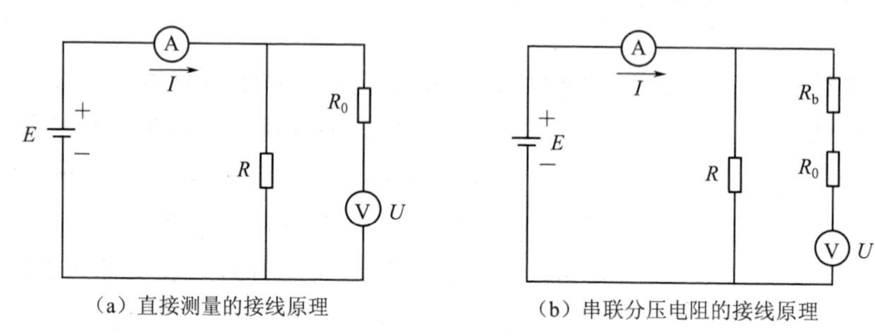

(a) 直接测量的接线原理 (b) 串联分压电阻的接线原理

图 2.7 直流电压表测量接线原理图

2. 分压电阻

(1) 作用。分压电阻是指与某一电路串联的导体的电阻，在电源电压不变的情况下，在某一电路上串联一个分压电阻，将能起分压的作用，一部分电压将分担在分压电阻上，使该部分电路两端的电压减小。分压电阻的阻值越大，分压作用越明显。利用这个原理，在直流电流表线圈上串联一个较大阻值的分压电阻，就能把直流电流表改装成直流电压表，测量较大的直流电压。

(2) 分压电阻的选取。一只已知量程为 U_v（单位为 V）的直流电压表，想将其扩大 K_v 倍到 U_k（单位为 V），需要串联一个合适阻值的分压电阻 R_b。为了解决这个问题，只需要知道原来电压表的内阻值 R_0，即可根据欧姆定律和图 2.7 (b) 所示的测量原理图中的电压、电流和电阻之间的关系，推导出如下的公式：

$$\frac{U_v}{R_0}=\frac{U_k}{R_b+R_0}, \quad \frac{R_b+R_0}{R_0}=\frac{U_k}{U_v}$$

$$\frac{R_b}{R_0}+1=\frac{U_k}{U_v}, \quad \frac{R_b}{R_0}=\frac{U_k}{U_v}-1, \quad R_b=\left(\frac{U_k}{U_v}-1\right)R_0$$

(3) 分压电阻的选取。例如：某直流电压表的量程为 10V，内阻值为 2000Ω，现在要将其量程扩大到 400V，试求应当串联一个多大的分压电阻？

根据 (2) 推导出来的公式，可得需要串联的分压电阻阻值为

$$R=\left(\frac{U_k}{U_v}-1\right)R_0=\left(\frac{400}{10}-1\right)\times 2000=78000(\Omega)$$

3. 使用直流电压表的注意事项

(1) 测量直流电压时，应根据被测电压的大小，选择合适的量程，使直流电压表的量程略大于被测电压值。

(2) 直流电压表应并联接在被测电阻两端。由于直流电压表内阻很大，如果错接成串联方式，则被测量电路将会呈断路状态，直流电压表将没有读数。

（3）在测量直流电压时，如果电压很高，应当串联外附式附加电阻。

2.2　直流电阻的测量

2.2.1　测量目的

绕组在冷态下的直流电阻是三相异步电动机的主要参数之一，也是发电机、电动机、变压器等在生产、制造、试验、安装和交接过程中的必测项目。测量设备导电回路的直流电阻，可及时发现线圈等导电回路中的隐患，防止不合格的设备投入运行。比较绕组的直流电阻的测定值与设计值，可以有效地检查绕组有无断线和匝间短路，焊接部分有无虚焊或开焊，接触点有无接触不良等现象。在电机学实验中测定绕组的直流电组，用以校核设定值、计算效率及绕组的温升等。绕组的直流电阻大小是随温度的变化而变化的，在测定绕组实际冷态下的直流电阻时，要同时测量绕组的温度，以便将该电阻换算成在基准温度下的数值。

2.2.2　测量方法

应该在绕组冷状态下测量电机的直流电阻值。首先将电机在室内放置一段时间，用温度计测量电动机绕组端部或铁芯的温度。所测温度即为实际冷状态下绕组的温度。

1. 直流压降法

直流压降法的原理是在被测电路中通直流电流，测量两端压降，根据欧姆定律计算出被测电阻。直流压降法测量直流电阻接线原理如图 2.8 所示。图中 R_x 为被测电阻，I 为测量电流，U 为测量电压。根据欧姆定律 $R_x=U/I$，由于电流表和电压表都存在内阻，对测量结果会造成影响，引起误差。因此在计算电阻时，应把电流表和电压表的内阻考虑进去。

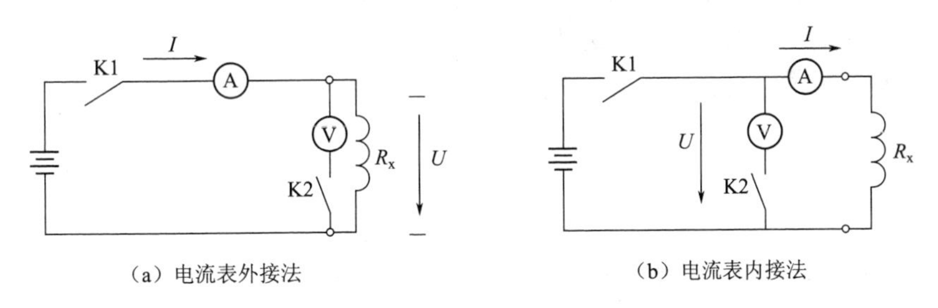

（a）电流表外接法　　（b）电流表内接法

图 2.8　直流压降法测量直流电阻两种接线原理图

图中电流表的内阻为 r_A，电压表的内阻为 r_v。

（1）采用如图 2.8（a）所示接线方式时：

$$R_x=\frac{U}{I-\dfrac{U}{r_v}}$$

式中　R_x——被测直流电阻，Ω；

U——电压表指示的电压，V；

I——电流表指示的电流，A；

r_v——电压表的内电阻，Ω。

（2）采用如图 2.8（b）所示接线方式时：

$$R_x = \frac{U - Ir_A}{I}$$

式中：r_A——电流表的内电阻，Ω。

如图 2.8（a）所示的电流表外接法中，直流电流表中流过的电流包括两部分，主要部分是流过被测电阻 R_x 的电流，另一部分是流过直流电压表的电流。对于同一只直流电压表，电源电压不变，流过的电流也不变。被测电阻 R_x 越小，则流过被测电阻 R_x 的电流越大，此时由直流电压表流过的电流引起的测量误差越小。因此这种接线方法适合用于测量小电阻值。如图 2.8（b）所示的电流表内接法中，直流电压表所测量的电压不仅是被测电阻 R_x 上的电压，还包括直流电流表上的电压降。当电源电压不变时，被测电阻 R_x 数值越大，电流表上电压降越小，引起的测量误差也越小。因此这种接线方法适用于测量大电阻值。

2. 平衡电桥法

平衡电桥法测量直流电阻的原理如图 2.9 所示。

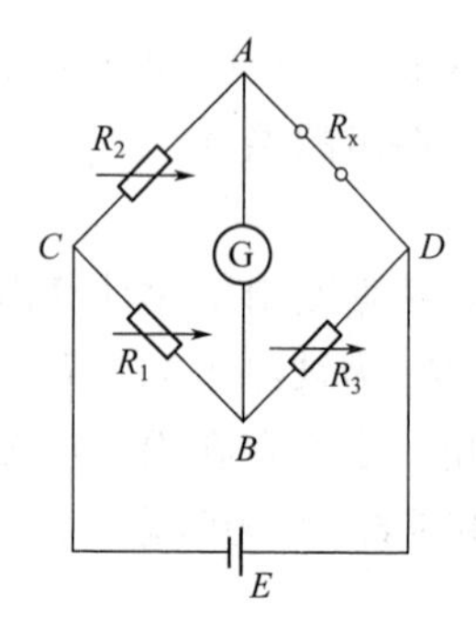

图 2.9　平衡电桥法测量直流电阻原理图

图中 AC、CB、BD、AD 四条支路称为电桥的四个桥臂。其中 R_x 桥臂是被测电阻。其余 3 个桥臂由标准电阻组成，电阻数值均可调整。在电桥对角线上接入一个灵敏的检流计 G，当检流计中没有电流流过时，指针指示中间零位。如果有电流流过，指针就偏离中间零位。电流越大，指示数也越大。指针左右偏转的方向取决于电流的方向。在接入被测电阻 R_x 后，接通直流电源 E，调节三个标准电阻 R_1、R_2、R_3 的数值，使检流计指示中间零位，称为电桥平衡，A、B 之间没有电流流过，则说明 A、B 两点等电位。于是有如下关系：

$$R_2/R_1 = R_x/R_3$$

$$R_x = \frac{R_2 R_3}{R_1}$$

根据标准电阻 R_1、R_2 和 R_3 的阻值可得出被测电阻 R_x 的数值。由于 R_1、R_2 和 R_3 均为标准电阻，精确度高，检流计 G 又十分灵敏，因此平衡电桥法测量直流电阻可以获得很高的精确度。按照图 2.9 原理构成的电桥称为单臂电桥。一般三个标准电阻中有一个电阻作为试验时的可变电阻，用来调节检流计指零。另外两个标准电阻的阻值可以选择为某一比例关系，称为比例臂。每次测量直流电阻时，根据被测电阻 R_x 的阻值大小，首先选择比例臂，然后调节可变电阻，使检流计 G 指示零位，使得电桥平衡，即可直接读出被测电阻数值。使用这种单臂电桥测量直流电阻，优点是接线简单、操作简便。

2.2.3　注意事项

1. 测量电感性元件时的充电过程

在测量电感性元件时，例如测量变压器类产品的直流电阻时，需要有一个充电过程。在刚接通直流电源的瞬间被测回路电流不能突变，因此显示的“阻值”很大，随着时间的延长，充电过程逐渐结束，“阻值”逐渐下降，最后稳定在某一数值，这才是测得的最后结果。

2. 直流电阻数值与温度有关

直流电阻的数值和温度有关。温度换算系数与导体的种类有关。对于铜导体，有

$$R_2=R_1\times\frac{235+T_2}{235+T_1}$$

对于铝导体，有

$$R_2=R_1\times\frac{225+T_2}{225+T_1}$$

式中　R_1——温度 T_1（℃）时的电阻；

　　R_2——换算至温度 T_2（℃）时的电阻。

为了比较同一直流电阻在不同时间的测量结果，必须进行温度换算，此时应注意温度测量的准确性。

3. 直流电阻测得数值的精度与选择的倍率有关

在使用电桥测量直流电阻时，应适当选择电桥的倍率，使测得的电阻值读数位数最多。如不采用这种方法，将会严重影响测量的精度。

2.3　功率的测量

2.3.1　原理

一般在实验过程中测量的电功率均指有功功率，电功率由功率表进行测量，功率表是测量直流和交流电路中功率的机械式指示电表。其结构主要由固定的电流线圈和可动的电压线圈组成，电流线圈与负载串联，测量负载的电流；电压线圈与负载并联，测量负载的电压。直流和交流电路中的有功功率分别为 $P=UI$ 和 $P=UI\cos\varphi$。U 和 I 分别为负载的电压和电流，φ 为电流相量与电压相量之间的夹角，$\cos\varphi$ 称为功率因数。目前使用最为广泛的是根据电磁原理制成的电动系功率表。单相电动系功率表的工作原理如图 2.10 所示。

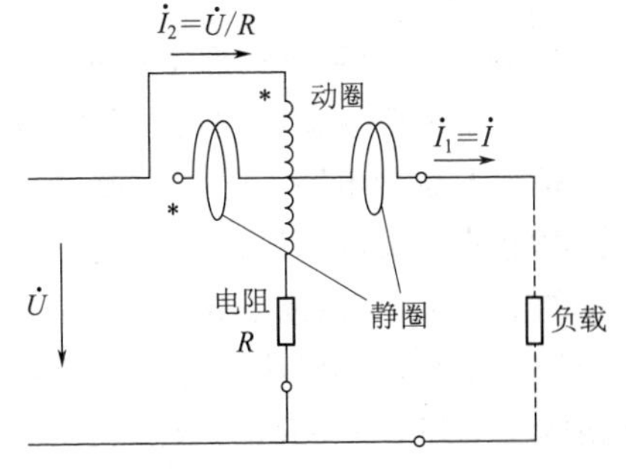

图 2.10　单相电动系功率表的工作原理图

单相电动系功率表有两个线圈：固定线圈（又称静圈）和可动线圈（又称动圈）。静圈的两个部分平行排列，这使得静圈两部分之间的磁场比较均匀。动圈与转轴连接，一起放置在静圈的两部分之间。仪表工作时，静圈和动圈中都必须通以电流，假设 I_1 为静圈电流，I_2 为动圈电流，θ 为两电流相量之间的夹角，如图 2.10 所示。使负载电流 I 通过静圈，即：$I_1=I$。将负载电压 U 加于动圈及与动圈串联的大电阻 R 上，则动圈中的电流为：$I_2=U/R$。I_1 的作用是在静圈中建立磁场，磁场的方向由右手螺旋定则确定。对于一个已出厂的功率表，静圈的参数是固定的。因此其所建立磁场的强弱只与 I_1 有关，且正比于 I_1。当动圈中通以电流 I_2 时，该磁场将对 I_2 产生一个电磁力 F，使可动部分获得转动力矩 M 而偏转角度 θ，并且 $\theta=\varphi$。而转动力矩 $M=RI_1I_2\cos\varphi$，从而可以直接求出功率 P 的

大小。

对电动系功率表的工作原理具体分析如下。

1. 转动力矩关系分析

（1）当电动系仪表用于直流电路的测量时，转动力矩 M 与电流 I_1 和 I_2 的乘积成正比，即

$$M \propto I_1 I_2$$

式中 M——动圈所受到的转动力矩值；

I_1、I_2——定圈和动圈中各自电流的有效值。

（2）当用于交流电路的测量时，有

$$M \propto I_1 I_2 \cos\varphi$$

式中 M——动圈所受到的转动力矩值；

I_1、I_2——定圈和动圈中各自电流的有效值；

φ——定圈中电流 I_1 与动圈中电流 I_2 之间的相位角差值。

当可动部分偏转角度 α 而达到平衡位置时，游丝产生的反作用力矩为

$$M_f = D\alpha$$

式中 D——游丝的反作用力矩系数。

（3）根据力矩平衡原理 $M=M_f$ 可得

当用于直流电路的测量时：

$$\alpha \propto I_1 I_2$$

当用于交流电路的测量时：

$$\alpha \propto I_1 \cdot I_2 \cos\varphi$$

2. 功率表转动指示角关系分析

（1）当用于直流电路的功率测量时，定圈串联接入被测电路，而动圈与附加电阻串联后并联接入被测电路。通过定圈的电流就是被测电路的电流 I_1，动圈支路两端的电压就是被测电路两端的电压 U。通过定圈的电流 I_1 与被测电路的电流相等，即 $I_1=I$，而动圈中的电流 I_2 可由欧姆定律得到，即 $I_2=U/R$，由于电流线圈两端的电压降远小于负载两端的电压 U，可以认为电压支路两端的电压与负载两端的电压 U 是相等的。R 是电压支路的总电阻，$R=R_{dq}+R_{fj}$（包括动圈电阻 R_{dq} 和附加电阻 R_{fj}），对于一个已制成的功率表来说，R 是一个常数。由上一节推导的公式 $\alpha \propto I_1 I_2$ 可得

$$\alpha \propto UI = P$$

即电动系仪表用于直流电路的功率测量时，其可动部分的偏转角 α 正比于被测负载功率 P。

（2）当用于交流电路的功率测量时，通过定圈的电流 I_1 等于负载电流 I，即

$$I_1 = I$$

根据欧姆定律，通过动圈的电流 I_2 与负载电压 U 有如下关系：

$$I_2 = U/Z_2$$

式中 Z_2——电压支路的阻抗。

由于电压支路中附加电阻 R_{fj} 的阻值总是比较大，在工作频率不太高时，动圈的感

抗相比之下可以忽略不计。因此，可以近似认为动圈电流 I_2 与负载电压 U 是同相的，即 I_2 与 U 之间的相角差等于 0，而 I_1 与 I_2 之间的相角差 φ 与 I_1 与 U 之间的相角差 φ 相等。

由上一小节推导出的公式 $\alpha \propto I_1 I_2 \cos\varphi$ 可得

$$\alpha \propto UI\cos\varphi = P$$

当电动系功率表用于交流电路的功率测量时，其可动部分的偏转角与被测电路的有功功率 P 成正比。这一结论是在正弦交流电路的情况下得出的，对非正弦交流电路同样适用。

(3) 综上所述，电动系功率表不论用于直流或交流电路的功率测量，其可动部分偏转角均与被测电路的有功功率成正比。因此电动系功率表的标度尺刻度是均匀的。

2.3.2　单相有功功率测量

单相有功功率测量电路，首先要正确地选择功率表的量程，即正确地选择功率表的电流量程和电压量程，所选功率表的电流量程及电压量程不应小于负载的工作电流和工作电压。其次，在单相有功功率测量电路中，功率表有两种不同的接线方式，即电压线圈前接和电压线圈后接，如图 2.11 所示。

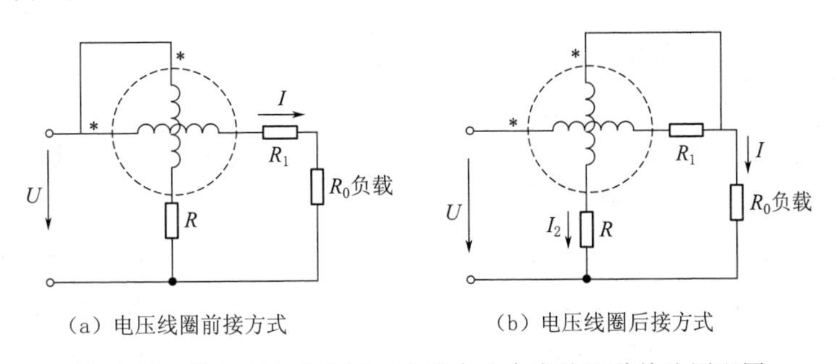

(a) 电压线圈前接方式　　(b) 电压线圈后接方式

图 2.11　单相有功功率测量电路中功率表的两种接法原理图

1. 电压线圈前接方式

功率表有一个电压线圈和一个电流线圈，两个线圈的始端都标有“*”符号，习惯称为“同名端”。使用电压线圈前接方式时，必须将有相同符号的端钮（即同名端）接在同一根电源线上。如图 2.11 (a) 所示，这样电流线圈中流过的电流是负载电流，电压线圈两端电压却等于负载电压加上电流线圈的电压降，在功率表的读数中多出了电流线圈的损耗。因此，这种接法比较适用于负载电阻远大于电流线圈电阻（即电流小、电压高、功率小的负载）的测量。因为此时电流线圈中的电流虽然等于负载电流，但电压支路两端的电压包含负载电压和电流线圈两端的电压，即功率表的读数中多出了电流线圈的功率损耗 I^2R_1（I 为负载电流，R_1 为电流线圈中的电阻，R_0 为负载电阻，R 为功率表电压线圈中的电阻）。如果负载电阻 R_0 远大于 R_1，则电流线圈中的功率损耗 I^2R_1 对功率表的读数误差的影响就比较小。

2. 电压线圈后接方式

电压线圈后接方式适用于负载电阻 R_0 远小于电压线圈支路电阻 R 的情况，如图 2.11 (b) 所示。在这种接线方式下，虽然电压线圈支路两端的电压与负载电压 U 相等，但电流线圈中的电流却等于负载电流加上电压线圈中的电流 I_2，即功率表的读数中多出了电压线圈的功率损耗 U^2/R（R 是电压线圈支路总电阻）。如果 R 远大于负载电阻，则电压线圈支路损耗的功率所引起的读数误差就比较小。因此，这种接法适用于负载电阻远小于电压线圈电阻情况下的测量。

在大部分电机学实验中，由于功率表中的电流线圈的损耗比负载的功率小得多，所以基本采用电压线圈前接的方式测量单相有功功率。

2.3.3 三相有功功率测量

由于工业和生活中广泛地采用三相交流电，三相交流电路功率的测量方法显得十分的重要，根据三相交流电路的特点，三相有功功率的测量方法有如下几种。

1. 一表法

无论是在三相三线制还是在三相四线制负载电路中，当三相负载对称时，都可以用一只功率表来测量它的有功功率。测 Y 形对称负载电路时接法如图 2.12（a）所示，测△形对称负载电路时接法如图 2.12（b）所示。由于功率表都接在负载的相电压和相电流上，其读数就是一相的有功功率，再将功率表读数乘以 3 就是三相总有功功率，即 $P=3P_1$。

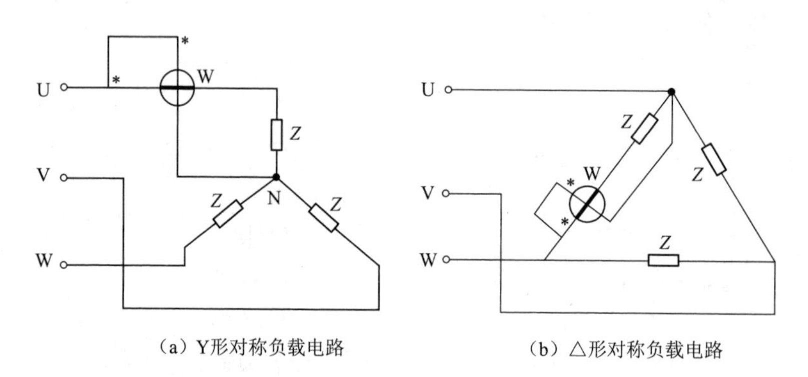

（a）Y形对称负载电路　　（b）△形对称负载电路

图 2.12　一表法测量三相对称负载的有功功率原理图

2. 两表法

在三相三线制电路中，不管电压是否对称，负载是否平衡，负载电路是△形接法还是Y 形接法，都可采用两表法测量三相三线制电路的有功功率，以负载为 Y 形接法时为例如图 2.13 所示。

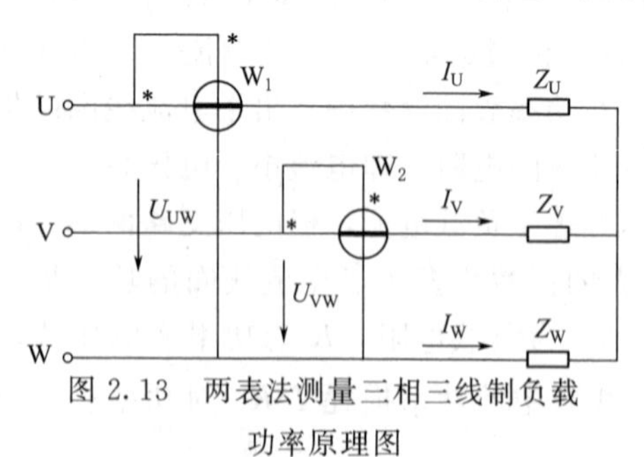

图 2.13　两表法测量三相三线制负载功率原理图

根据图 2.13 做如下推导：

三相电路总瞬时功率为

$$p=p_U+p_V+p_W=u_Ui_U+u_Vi_V+u_Wi_W$$

由基尔霍夫第一定律可得

$$i_U+i_V+i_W=0$$

将上述两式整理得

$$\begin{aligned}p&=p_U+p_V+p_W=u_Ui_U+u_Vi_V+u_W(-i_U-i_V)=i_U(u_U-u_W)+i_V(u_V-u_W)\\&=i_Uu_{UW}+i_Vu_{VW}=p_1+p_2\end{aligned}$$

结果表明，两只功率表测得的瞬时功率之和等于三相总瞬时功率，因此，两只功率表所测得的瞬时功率之和在一个周期内的平均值，就等于三相总瞬时功率在一个周期内的平均值，即三相负载的总功率等于两只功率表读数的代数之和。按两表法接线，三相总功率计算公式为：$P=P_1+P_2$。

3. 三表法

在三相四线制电路中测量三相四线制不对称负载的有功功率时，一表法和两表法均不适用。因此，通常采用三只单相功率表分别测量出每相有功功率，然后把三只单相功率表 W_1、W_2 和 W_3 的读数相加，可得三相负载的总有功功率，即 $P=P_1+P_2+P_3$。三只功率表应分别接在三个相的相电压和相电流回路上，接线如图 2.14 所示。

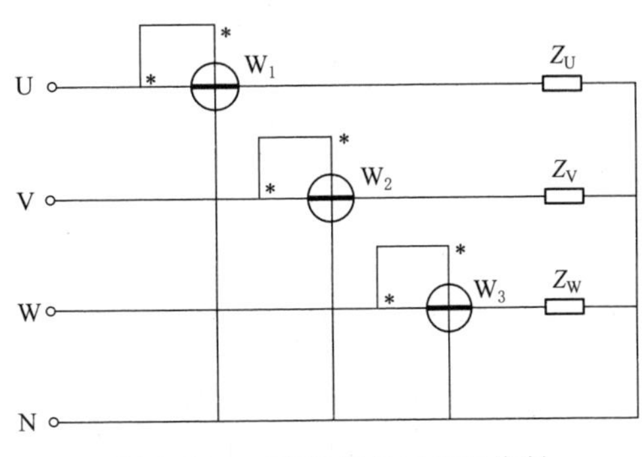

图 2.14　三表法测量三相四线制不对称负载功率原理图

2.3.4　三相无功功率测量

1. 一表法

当三相电源电压和负载都对称时，三相电路中可连接一个功率表测量无功功率，接线原理如图 2.15 所示。

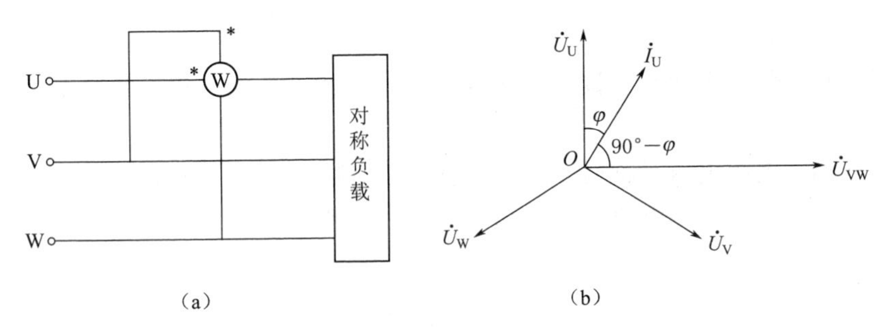

图 2.15　一表法测量三相电路的无功功率原理图

将电流线圈串入任意一相，注意同名端应从电源侧接入。电压线圈支路跨接到未接入电流线圈的其余两相上。由功率表的原理可知它的读数与电压线圈两端的电压 U_{BC}、通过电流线圈的电流 I_A 以及两者间的相位角差的余弦 $\cos\varphi$ 的乘积成正比例，此时功率表的读数为

$$P'=U_{BC}I_A\cos\theta$$

其中
$$\theta=\varphi_{U_{BC}}-\varphi_{I_A}$$

由电路理论可知，U_{BC} 与 U_A 之间的相位差为 90°，即：$\theta=90°-\varphi$，其中 φ 为对称三相负载每一相的功率因数角。在三相电源和负荷对称的情况下，U_{BC} 和 I_A 可用线电压 U_1 及线电流 I_1 表示，即

$$P'=U_1I_1\cos(90°-\varphi)=U_1I_1\sin\varphi$$

在对称三相电路中，三相负载总的无功功率为

$$Q=\sqrt{3}U_1 I_1 \sin\varphi$$

即

$$Q=\sqrt{3}P'$$

因此，用上述方法测量三相无功功率时，将有功功率表的读数乘以$\sqrt{3}$即可得到三相无功功率。

2. 两表法

两表法测量三相无功功率适用于三相电路对称的情况。由于供电系统电源电压不对称难以避免，而此时两表跨相法测量的误差较小，所以此法仍然适用。采用两只单相功率表，每个表都按一表跨相法的原则接线，如图 2.16 所示。

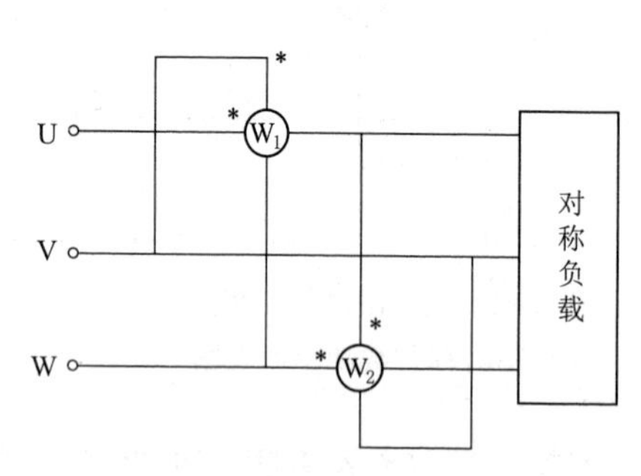

图 2.16 两表法接线测量三相无功功率原理图

由于每只表实际上都是按照 2.3.3 节介绍的一表法测量，此时每个功率表的读数为

$$P'=P'_1=P'_2=UI\sin\varphi$$

按照 2.3.3 节介绍的一表法测量无功功率 Q，即

$$Q=\sqrt{3}P'=\frac{\sqrt{3}}{2}(P'_1+P'_2)$$

从上式可见，将两个功率表读数之和乘以$\sqrt{3}/2$，即可得到三相负载的无功功率。

3. 三表法

三表法适用于电源电压对称时，负载对称或不对称的三相三线制和三相四线制电路的无功功率。三表法测量三相电路的无功功率的接线原理如图 2.17 所示。

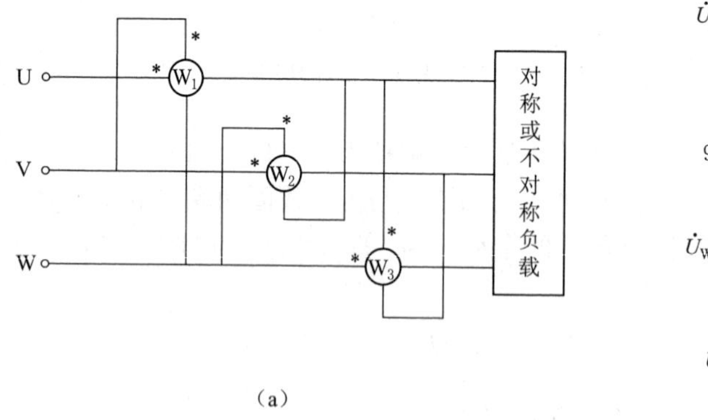

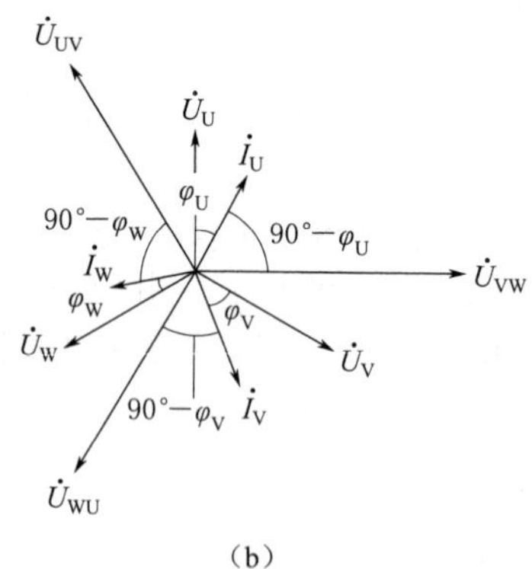

图 2.17 三表法测量三相电路的无功功率的接线原理图

当三相负载不对称时，三个线电流 I_U、I_V、I_W 也不对称，三相的功率因数角 φ_U、φ_V、φ_W 也不相同。此时，三只功率表的读数 P'_1、P'_2、P'_3 也各不相同，分别为

$$P'_1=U_{VW}I_U\cos(90°-\varphi_U)=\sqrt{3}U_U I_U\sin\varphi_U$$

$$P'_2=U_{WV}I_V\cos(90°-\varphi_V)=\sqrt{3}U_VI_V\sin\varphi_V$$

$$P'_3=U_{UV}I_W\cos(90°-\varphi_W)=\sqrt{3}U_WI_W\sin\varphi_W$$

由于电源电压对称，所以有：$U_{VW}=\sqrt{3}U_U$，$U_{WU}=\sqrt{3}U_V$ 以及 $U_{UV}=\sqrt{3}U_W$。三只功率表的读数之和为

$$P'_1+P'_2+P'_3=\sqrt{3}(U_UI_U\sin\varphi_U+U_VI_V\sin\varphi_V+U_WI_W\sin\varphi_W)$$

因此，三相总无功功率为 $Q=\frac{1}{\sqrt{3}}(Q_1+Q_2+Q_3)$，也就是三相电路的无功功率等于三只功率表读数之和除以$\sqrt{3}$。

2.4　功率因数的测量

2.4.1　原理

功率因数表是用于测量单相和三相电路功率因数的专用仪表。机械式功率因数表一般用于单相交流电路或对称负载的三相交流电路中。单相功率因数表在频率不同时会影响读数准确性。常见机械式功率因数表按照其原理一般分为：铁磁电动式、电磁式和变换器式等。接下来介绍常用的铁磁电动式单相功率因数表的原理。

一种常用的铁磁电动式单相功率因数表的原理结构和实物如图 2.18 所示。

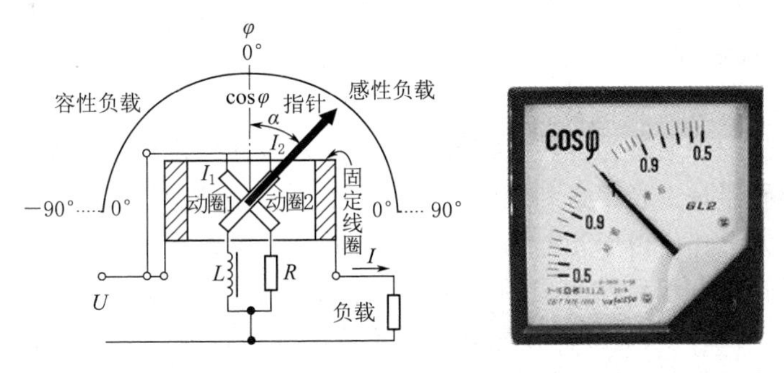

图 2.18　铁磁电动式单相功率因数表的原理结构和实物图

其可动部分由两个互相垂直的动圈组成。动圈 B_1 与电阻器 R 串联后接入电压 U，并与通以负载电流 I 的固定线圈（静圈）组合，相当于一只功率表，从而使动圈 1 受到一个与有功功率 $UI\cos\varphi$ 和偏转角正弦 $\sin\alpha$ 的乘积成正比的力矩 M_1，且 $M_1=K_1UI\cos\varphi\sin\alpha$。$K_1$ 为系数，$\cos\varphi$ 为负载功率因数。动圈 B_2 与电感器 L 串联后接以电源电压 U，并与固定线圈（静圈）组合，相当于一只无功功率表。从而使得可动部分受到一个与无功功率 $UI\sin\varphi$ 和偏转角余弦 $\cos\alpha$ 的乘积成正比的力矩 M_2，且 $M_2=K_2UI\sin\varphi\cos\alpha$，$K_2$ 为系数。

（1）对纯电阻负载。$\varphi=0°$，$M_2=0$，电表可动部分在 M_1 的作用下，指针转到 $\varphi=0°$，即 $\cos\varphi=1$ 的标度处。

（2）对纯电容负载。$\varphi=-90°$，$M_1=0$，电表可动部分在 M_2 的作用下，指针沿着逆时针转到 $\varphi=-90°$，即 $\cos\varphi=0$（容性）的标度处。

(3) 对纯电感负载。由于静圈电流 I 及力矩 M_2 方向改变，电表可动部分在 M_2 的作用下，指针沿着顺时针转到 $\varphi=90°$，即 $\cos\varphi=0$（感性）的标度处。

(4) 对普通负载。在力矩 M_1 和 M_2 的共同作用下，指针转到相应的 $\cos\varphi$ 值的标度处。电动系单相功率因数表可用来测量单相电路的功率因数，也可用来测量包含中性点可接的对称三相电路的功率因数，此时电表的电压端应接相电压。对不包含中性点不可接的对称三相电路，可采用三相功率因数表来测量其功率因数。

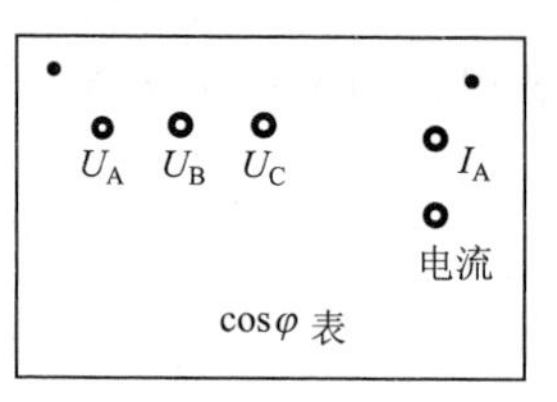

图 2.19 三相功率因数表表后接线柱接线方法示意图

2.4.2 接线方法

如图 2.19 所示为三相功率因数表表后接线柱接线方法示意图。

三个电压接线柱分别标有 U_A、U_B、U_C，两个电流接线柱标有 I_A。为了保证功率因数表所接电流应与左边电压接线柱所接电压同相。与负荷电流同方向的电流互感器的二次电流应从标有 * 符号的电流接线柱流入，从另一个电流接线柱流出。同相电压应接入标有 * 符号的电压接线柱。

2.5 电机转速的测量

测速装置在控制系统中占据重要地位，只有精确地掌握电机的运转速度，才能更好、更安全地进行调速控制。下面简要介绍几种常用的测量电机转速的方法。

2.5.1 光电编码器测速

1. 光电编码器

光电编码器是一种通过光电转换将输出轴上的机械几何位移量转换成脉冲或数字量的传感器。光电编码器是由光栅盘和光电检测装置组成。光栅盘是在一定直径的圆板上等分地开通若干个长方形孔。由于光电编码器与电机同轴，电机旋转时，光栅盘与电机同速旋转，经发光二极管等电子元件组成的检测装置检测，输出两组相位差为 90°的脉冲信号，其原理如图 2.20 所示。通过对每秒光电编码器输出脉冲进行计数就能计算当前电动机的转速。此外，还可以判断电机的旋转方向。

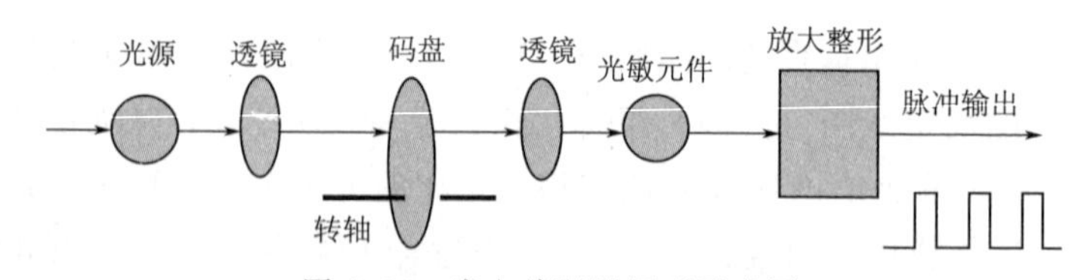

图 2.20 光电编码器原理示意图

根据光电编码器的刻度方法及信号输出形式，可将其分为绝对式和增量式两种。

(1) 绝对式光电编码器。绝对式光电编码器的圆形码盘上沿径向有若干同心码道，每条道由透光和不透光的扇形区相间而成，码盘上的码道数为其二进制数码的位数，在码盘的一侧是光源，另一侧对应每一码道有一光敏元件；当码盘处于不同位置时，各光敏元件根据受光照与否，转换出相应的电平信号，形成二进制数。绝对编码器可有若干种编码方式，一般可采用二进制码、循环码、二进制补码等。其特点是：可以直接读出角度坐标的绝对值，没有累积误差，电源切除后位置信息不会丢失。其分辨率是由二进制的位数决定，一般有 10 位、14 位等多种规格。

（2）增量式光电编码器。增量式光电编码器是以脉冲形式输出角位置信息的传感器，一般只需要三条码道，码盘的外道和中间道有数目相同、均匀分布的透光和不透光的扇形区（光栅），但是两道扇区相互错开半个区。当码盘转动时，输出信号是相位差为 90°的 A 相和 B 相脉冲信号，以及只有一条透光狭缝的第三码道所产生的脉冲信号（可作为码盘的基准位置，给计数系统提供一个初始的零位信号）。由 A、B 两相输出脉冲信号的相位关系（超前或滞后）可判断旋转的方向。输出脉冲信号如图 2.21（a）所示。

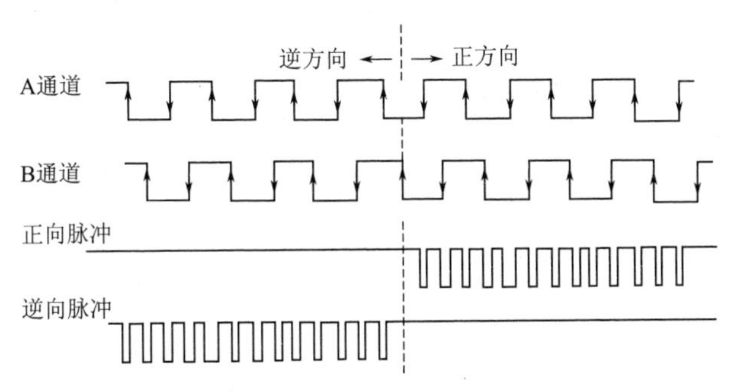

（a）A相和B相两路计数脉冲输出信号的相位关系

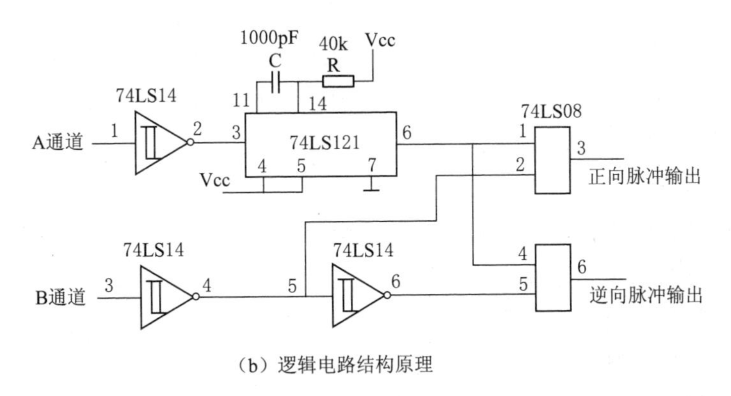

（b）逻辑电路结构原理

图 2.21　增量式光电编码器工作原理示意图

当码盘正转时，A 道脉冲波形比 B 道超前 90°，而当反转时，A 道脉冲比 B 道滞后 90°。如图 2.21（b）所示是逻辑电路结构原理图，用 A 道整形波的下沿触发单稳态产生的正脉冲与 B 道整形波相“与”，当码盘正转时只有正向口脉冲输出，反之，则只有逆向口脉冲输出。其特点是原理构造简单，机械平均寿命在几万小时以上，抗干扰能力强，可靠性高，适合长距离传输。

2. 转速测量原理

以增量式光电编码器为例，光电编码器测速法是通过测出转速信号的频率或周期来间接测量电机转速的一种无接触测速法。增量式光电编码器安装在转子端轴上，随着电机的转动而一起转动，增量式编码器在圆盘上刻有两组光栅，当轴转动时，两组光栅产生两组相位相差为90°的脉冲：A组脉冲和B组脉冲。盘上还有一单个的窄缝，旋转一周，只产生一个单独的脉冲，称为零位脉冲，可以用来定位。脉冲频率与旋转轴的转速成正比。根据A和B两相脉冲信号的相位关系，可以判断出电机光电编码器的转向。如果A相脉冲信号超前B相脉冲信号90°，则电机为正转，反之，则为反转。根据输出的脉冲信号数量，经过计算得到角位置。光电编码器的分辨率是由编码盘A和B码道透光窗的数目来决定的，例如：18000线的增量式光电编码器，其编码盘每圈有18000个透光窗，每转360°可以输出18000个A脉冲和B脉冲，光电编码器的分辨率为$\lambda=\frac{360°}{18000}=0.02°$。为了提高光电编码器测角分辨率，可对A和B信号进行倍频处理，即单位角度内输出的脉冲数量增加，使光电编码器的分辨率提高。例如：同样是18000线的光电编码器，本身分辨率为$\frac{360°}{18000}=0.02°$，如果搭配50倍频器，则分辨率为$\frac{360°}{18000\times 50}=0.0004°$，经过信号调理器的四倍频鉴相电路处理后，测角系统的分辨率则可以达到0.0001°。

2.5.2 测速发电机测速

1. 原理

测速发电机是一种检测机械转速的微特电机，其利用电磁原理把机械转速变换成电压信号，其输出电压是与输入的转速成正比例关系。测速发电机的绕组和磁路经精确设计，其输出电动势E和转速n呈线性关系，即$E=Kn$，K是常数。当电机改变旋转方向时，输出电动势的极性即相应改变。当被测电机与测速发电机同轴连接时，只要测量输出电动势的大小，就能获得被测电机的转速。

2. 测速发电机的分类

测速发电机按其输出信号的形式，可分为交流测速发电机和直流测速发电机两类。交流测速发电机又分为同步测速发电机和异步测速发电机两种。前者的输出电压与转速成正比，但输出电压的频率也随转速而变化，所以只作指示用；后者是目前应用最多的一种，尤其是空心杯转子异步测速发电机性能较好。直流测速发电机有永磁式和电磁式两种，其结构与直流发电机相似。

3. 直流测速发电机的输出特性

测速发电机输出电压U_a和转速n之间的函数关系，即$U=f(n)$称为测速发电机的输出特性。直流测速发电机的工作原理与一般直流发电机相同。根据直流电机理论，当直流测速发电机的输入转速为n，且励磁磁通Φ恒定不变时，电枢电动势为

$$E_a=C_e\Phi n=K_e n$$

空载时，电枢电流$I_a=0$，直流测速发电机的输出电压和电枢感应电动势相等，因而输出电压与转速成正比。当接负载时，因为电枢电流$I_a\neq 0$，直流测速发电机的输出电压的平衡方程式为

$$U_a = E_a - I_a R_a - \Delta U_b$$

式中　ΔU_b——电刷接触压降；

　　R_a——电枢回路电阻。

直流测速发电机的原理电路如图 2.22 所示。

在理想情况下，若不计电刷和换向器之间的接触电阻，即 $\Delta U_b = 0$，则电压平衡方程式可以简化为

$$U_a = E_a - I_a R_a$$

当接上负载后，由于电阻 R_a 上有电压降，测速发电机的输出电压比空载时要小。此时电枢电流为

$$I_a = U_a / R_L$$

式中　R_L——测速发电机的负载电阻。

因此可得

$$U_a = \frac{E_a}{\left(1+\frac{R_a}{R_L}\right)} = \frac{C_e \Phi n}{\left(1+\frac{R_a}{R_L}\right)} = \frac{K_e n}{\left(1+\frac{R_a}{R_L}\right)} = Cn$$

$$C = \frac{K_e}{\left(1+\frac{R_a}{R_L}\right)}$$

C 为测速发电机输出特性的斜率。当不考虑电枢反应时，可以认为 Φ、R_a、R_L 不变，斜率 C 为常数，输出特性呈线性关系。当接不同的负载 R_L 时，测速发电机输出特性的斜率也不同，随负载电阻的增大而增大，如图 2.23 中三条直线所示。

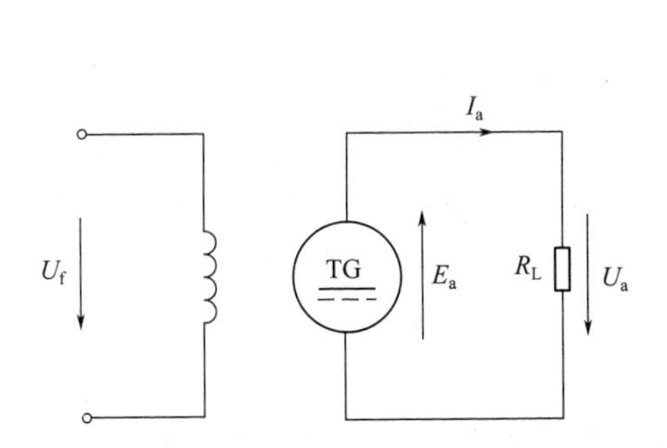

图 2.22　直流测速发电机工作电路原理图

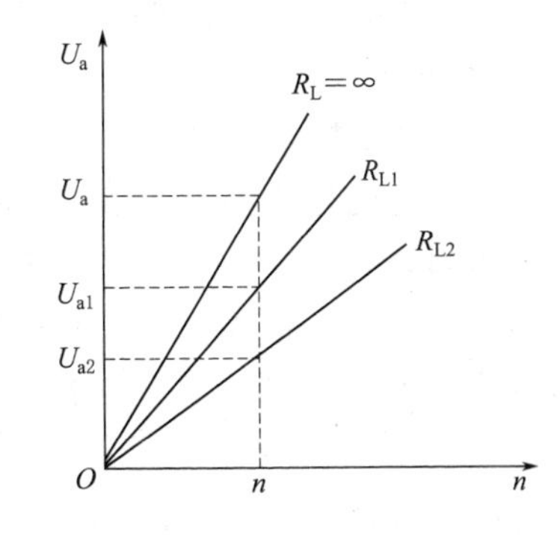

图 2.23　接不同负载时的理想输出特性图

当电机的转子转向发生改变时，U_a 的极性也将会随之改变。

2.6　电机转矩的测量

2.6.1　定义

转矩[1]是电机运行过程中的一个重要参数。转矩 T 是指对于转动的物体，若将转轴中

[1] 以下文中转矩和扭矩的含义相同。

心看成支点，转动的物体圆周上的作用力和转轴中心与作用力方向垂直的距离的乘积，其单位为N·m。在电机运转时，轴上功率是在一定转速下通过轴上所受的转矩来传递的（某些情况下轴是处于静止状态下受扭的）。一般是同时测量转矩和转速，这两个参数的乘积即为该轴上传递的功率，即

$$P=\frac{nT}{9550}\Rightarrow T=\frac{9550P}{n}$$

式中 T——转矩，N·m；

P——传动轴上的输出功率，kW；

n——电机的转速，r/min。

电机的转矩根据不同的应用场合，一般有如下分类。

1. 起动转矩

当给处于停止状态下的异步电动机加上电压时的瞬间，异步电动机产生的转矩称为起动转矩。起动转矩表征了电动机的起动能力，与起动方式有关（例如：星三角起动、变频调速起动等），鼠笼式异步电机直接起动转矩一般为额定转矩的0.8～2.2倍。

2. 额定转矩

在额定电压和额定负载情况下，电动机转轴上产生的电磁转矩称为电动机的额定转矩。

3. 最大转矩

最大转矩是电动机转矩从稳定区进入不稳定区的交界点。也就是说，如果负载转矩大于电动机的最大转矩，电动机的输出转矩会变小，并进入堵转状态。

4. 堵转转矩

进入堵转状态后，转速为0，此时电动机能够输出的转矩称为堵转转矩。堵转转矩的倍数越大时，电机起动将更加迅速，转动也更加自如。但是一般情况下堵转转矩倍数越大，电机的起动电流一般也会增加很多，对电网的冲击也会越大，所以一般选择电机的时候，要根据实际工况的要求，选择合适的堵转转矩倍数并保留一定裕度。一般情况下堵转转矩倍数选择1.8～2.2，最大转矩倍数选择2.0～2.8（根据电机大小的不同而不同）。

5. 静转矩

电机通电但未转动时，定子锁住转子的力矩。由于电机静转矩的存在，在对电机进行特殊操作前，务必先将电机断电，否则强行操作时，容易损坏电机齿轮箱的齿轮。

通常，最大转矩＞堵转转矩＞额定转矩。最大转矩与额定转矩之比，称为电动机的过载系数。最大转矩倍数和堵转转矩倍数确实是衡量电机性能的两个重要指标，但也并不是越大越好。最大转矩倍数越大，电机也就具备了更多超负荷运行的能力，但是同时对电机的体积和用材也是个很重要的需要指标。

2.6.2 测量方法

按测量原理分类，扭矩测量方法可分为平衡力法、能量转换法和传递法三种，其中传递法的应用最为广泛。被测扭矩的类型以及现有各类传感器对所测的数据精度有重要影响。

1. 平衡力法

匀速运转的动力机械或制动机械，在其机体上必然同时作用着与一对转矩大小相等、方向相反的平衡力矩 T 和 T'。通过测量机体上的平衡力矩 T'（实际上是测量力和力臂）来确定动力机械主轴上工作转矩 T 的方法称为平衡力法。设 F 为力臂上的作用力，L 为力臂长度，则 $T'=LF$。因此，只要测得 F 和 L，即可得出 T'和 T。平衡力法的优点是直接从机体上测转矩，不存在从旋转件到静止件的转矩传递问题，并且力臂上的作用力 F 容易测得；缺点是测量范围仅局限为匀速工作状态，无法完成动态扭矩的测量。

平衡力法转矩测量装置又称作力臂型扭矩测量装置，如图 2.24 所示。一般由旋转机、平衡支承和平衡力测量机构组成。按照安装在平衡支承上的转矩测量装置类型，可分为电力测功器、水力测功器等。平衡支承有滚动支承、双滚动支承、扇形支承、液压支承及气压支承等。平衡力测量机构有砝码、游码、摆锤、力传感器等。

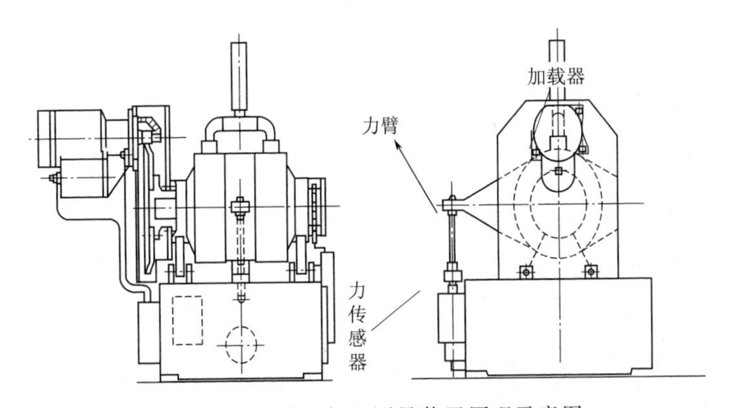

图 2.24　力臂型扭矩测量装置原理示意图

转矩测量装置把被测机电设备（例如：电机、液压泵、液压马达）的壳体用轴承支架支起，在壳体上固定有力臂。当被测量装置的传动轴输出扭矩由作用在力臂上的承反力 F（或砝码重力）产生的力矩所平衡（在静平衡的情况下，力臂处于水平位置）时，力 F 和力臂 L 所形成的力矩就是被测力矩。由于力臂 L 的长度是固定的，因此只要测量出力 F 就可以确定被测装置的输入或输出转矩。力 F 可用测力计或测力传感器测量，也可用标准平衡砝码来确定。此测量法的测量误差主要来自轴承的摩擦力矩和力臂不平衡所产生的附加力矩。

2. 能量转换法

能量转换法是指依据能量守恒定律，通过测量其他形式能量如热能、电能等其他参数求得转矩的一种间接测量方法。能量转换法实际上就是对功率和转速进行测量的方法。但这种方法测量误差相对较高，一般为±(10～15)%，只有当无法直接测量转矩时才考虑采用该种方法。

3. 传递法

传递扭矩时弹性元件的物理参数会发生某种程度的变化，利用这种变化与扭矩的对应关系来测量扭矩的方法被称为传递法。常用弹性元件为扭轴，故传递法又称扭轴法。根据被测物理参数的不同，基于传递法的转矩测量仪器有多种类型，例如磁弹性式、应变式、振弦式、光电式、磁电式、电容式、光纤式、无线声表面波式、磁敏式、激光多普勒式、软测量式、激光衍射式等。在现代扭矩测量方法中，绝大多数采用的是传递法。接下来介绍几种常用的传递法。

（1）磁弹性式扭矩测量法。磁弹性式扭矩测量法是指利用铁磁材料及其他合金材料的磁弹性效应来实现扭矩测量的一种方法。在扭矩或外力作用下，铁磁材料的内部晶格发生畸变，产生应力，使铁磁材料内部磁畴之间的界限发生移动，磁畴磁化强度矢量发生旋转，使材料的磁化强度产生相应的变化，这种现象被称为磁弹性效应或磁致伸缩特性。铁磁性材料可分为正磁致伸缩和负磁致伸缩两类。正磁致伸缩材料的磁化强度随机械拉伸应力的增加而增加，而材料本身在这种情况下是伸长的；负磁致伸缩材料的磁化强度则随拉伸应力的增加而减小，材料本身在这种情况下是缩短的。在磁场中，对铁磁材质的弹性轴施加扭矩，磁导率的变化将反映出铁磁材料磁化强度的变化，因此可以通过测量磁导率的变化来获得扭矩信号。磁弹性式扭矩测量法的原理如图 2.25 所示。

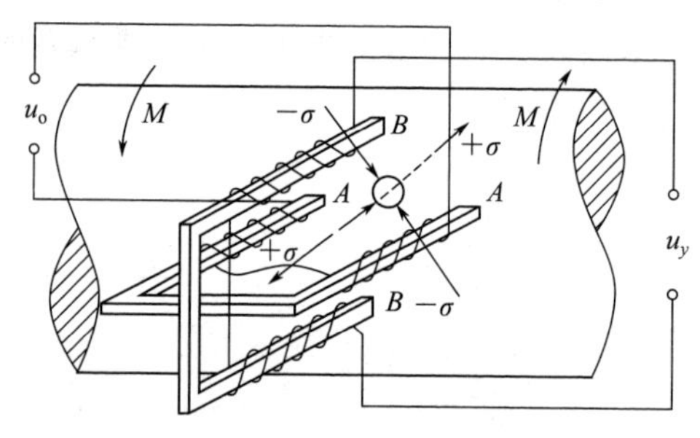

图 2.25　磁弹性式扭矩测量法原理图

（2）应变式扭矩测量法。扭矩会使传动轴产生一定的应变，而且这种应变与扭矩的大小存在比例关系，因此可以通过电阻应变片来检测相应扭矩的大小。当传动轴受到扭矩作用时会发生扭转变形，最大剪应变产生在与轴线成 45°角的方向上，在此方向上粘贴电阻应变片能够检测到传动轴所受扭矩的大小，其工作原理如图 2.26 所示。

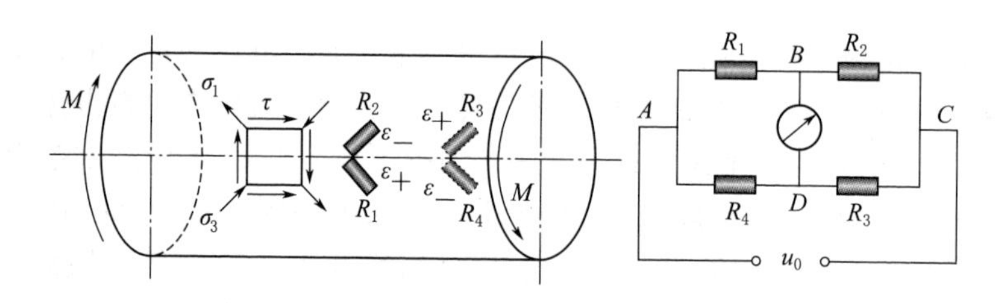

图 2.26　应变式扭矩测量法原理图

（3）磁电式扭矩测量法。在弹性轴上安装两个相同的齿轮，磁芯和线圈组成信号采集系统，齿顶与磁芯之间预留出微小的间隙，当轴转动时，两个线圈中分别感应出两个交变电动势，并且交变电动势仅与两个齿轮的磁芯相对位置和相交位置有关，通过检测电动势的大小，即可得到相应的扭矩值，这种扭矩测量方法被称为磁电式扭矩测量法或感应式扭矩测量法，其工作原理如图 2.27 所示。

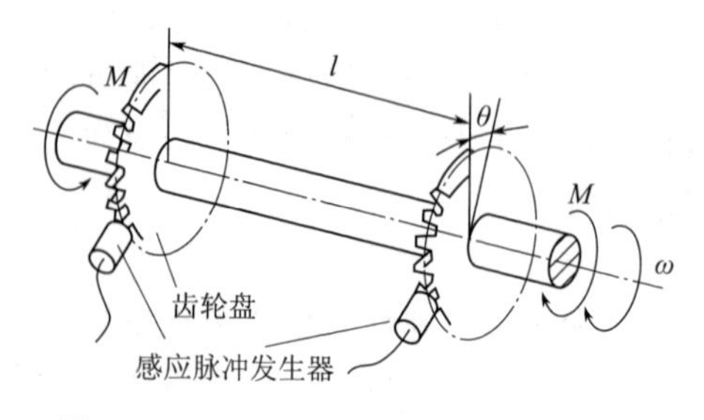

图 2.27　磁电式扭矩测量法工作原理图

2.7　电机温度的测量

2.7.1　定义

在电机中，一般都采用“温升”而不是用“温度”作为衡量电机发热的标志。温升是电机与环境的温度差，是由电机发热引起的。某一点的温度与参考（或基准）温度之差称为温升。电机某部件与周围介质温度之差，称为电机该部件的温升。电机在额定负载下长期运行达到热稳定状态时，电机各部件温升的允许极限，称为温升限度。电机温升限度，在标准 GB 755—2008/IEC 60034－1：2004《旋转电机定额与性能》中作了明确规定。因为电机的功率是与一定温升相对应的。因此，只有确定了温升限度才能使电机的额定功率获得确切的意义。

2.7.2　测量方法

1. 温度计法

当电机达到额定运行状态时，其温度也逐渐上升到某一稳定值而不再上升，这时可直接使用温度计（最好是酒精温度计）测量电机的温度。具体方法为：将酒精温度计的球体用锡纸包缠后插入电动机吊环孔内，使温度计球体与孔内四周紧贴，然后用棉花将孔封严。此时温度计测得的温度比电动机绕组最热点低 10℃左右，故把所测得的温度加 10℃，再减去环境温度，可得电动机实际温升。其测量结果反映的是绕组绝缘的局部表面温度。这个数字比绕组绝缘的实际最高温度即“最热点”平均低 15℃左右。此法用温度计直接测量温度，最为简便，在中、小电机现场应用最广。但用温度计仅能接触到电机各部分的表面，所测得的仅为表面温度。用温度计无法测出电机内部的最高温度。

2. 埋置检温计法

较大的电机，在装配时，常在可能有较高温度的各点埋置检温计。检温元件有热电偶及电阻温度计等。检温计的受热端，可以埋在槽的深处，例如导体与横底之间、上下层导体之间。检温计的引出端引至外面，接至测量仪表，借以读出温度。应用的检温计越多，则所测得的温度越有可能接近最热点的温度。试验时将铜或铂电阻温度计或热电偶埋置在绕组、铁芯或其他需要测量的预期温度最高的部件里。其测量结果反映出测温元件接触处的温度。大型电机常采用此方法来监视电机的运行温度。其测量结果反映的是整个绕组铜线温度的平均值。根据不同的绝缘等级该数值比实际最高温度低 5～15℃。该方法测出导体的冷态及热态电阻，按有关公式计算出平均温升。

3. 电阻法

利用电阻法可以测定出电机绕组的平均温升。具体方法为：在电机运转之前，先测得绕组的冷态电阻 R_1 和当绕组温度等于冷却介质温度 t_1 时的电阻。随后，当电机正常运转一段时间后，绕组的温度升高至 t_2，绕组的电阻便增加至 R_2。则电机的平均温升为

$$q=t_2-t_0=\frac{(R_2-R_1)(K+t_1)}{R_1}+t_1-t_0$$

式中　K——一个常数，对于铜线绕组，$K=234.5$，对于铝线绕组，$K=228$；

t_1——电机某相绕组冷态温度，℃。

t_2——电机某相绕组热态温度，℃。

t_0——当前环境温度，℃。

R_1——电动机某相绕组冷态电阻，Ω。

R_2——电动机某相绕组热态电阻，必须在电动机断电后 0.5min 内测定，Ω。

测量出 R_2 和 R_1，同时测量出环境温度 t_1 和 t_2，就可以计算出绕组温升 q。由电阻法测得的温升是绕组的平均温升，比绕组的最热点约低 5℃。电阻的测量可用伏安法或电桥法测量。在切断电源后测定，则测得的温升要比断电瞬间的实际温度要低。对于一般中小型电动机，如果电阻值 R_2 在断电后 20s 左右测得，则计算出的温升比实际的温升低 3℃左右。测定 R_2 的时间离断电瞬间越长，则差别也越大。

第1篇 电 机 学 实 验

第3章 认 识 实 验

3.1 电机实验台介绍

3.1.1 概述

电机实验采用型号为BMEL－Ⅱ型的大功率电机系统教学实验台。该实验台采用模块化设计，各模块布局合理，简洁明了，便于实验过程中接线和调试。各类实验相关的配套驱动和保护电路配置齐全，各挂箱面板示意图明确、直观。学生通过面板上的接线端子自行连接实验电路，实验方法灵活多变。该实验台主要由主控屏面、专用仪表挂箱和配套实验导线等部分组成，如图3.1所示。

3.1.2 主要模块介绍

1. 主控屏面

主控屏面主要由BMEL－001G功能模块组成，用于实验台自耦调压器输入三相电源接触器的通断控制，直流发电机和同步发电机转速显示，异步电动机-直流发电机组的扭矩测试仪和自耦调压器的输出接线孔。

2. 电机机组及变压器各出线的接线孔

在实验台的底部设计有作为实验对象的三个电机机组及三相芯式变压器引出的接线孔，由以下几个模块组成：

(1) BMEL－004J：异步电机-直流电机组接线孔。

(2) BMEL－003D：直流电动机-直流发电机组接线孔。

(3) BMEL－005H：同步电机-直流电动机组接线孔。

(4) BMEL－006C：三相芯式变压器接线孔。

3. 仪表挂箱模块

实验过程中的电压、电流、功率及功率因数等各种参量的测量由仪表挂箱完成。挂箱主要包括以下几种类型：

(1) BMEL－31B：交流电压表挂箱。

(2) BMEL－32B：交流电流表挂箱。

(3) BMEL－33B：功率和功率因数表挂箱。

(4) BMEL－34C：直流电压表和电流表挂箱（其中直流电流表有4A和30A两种量程）。

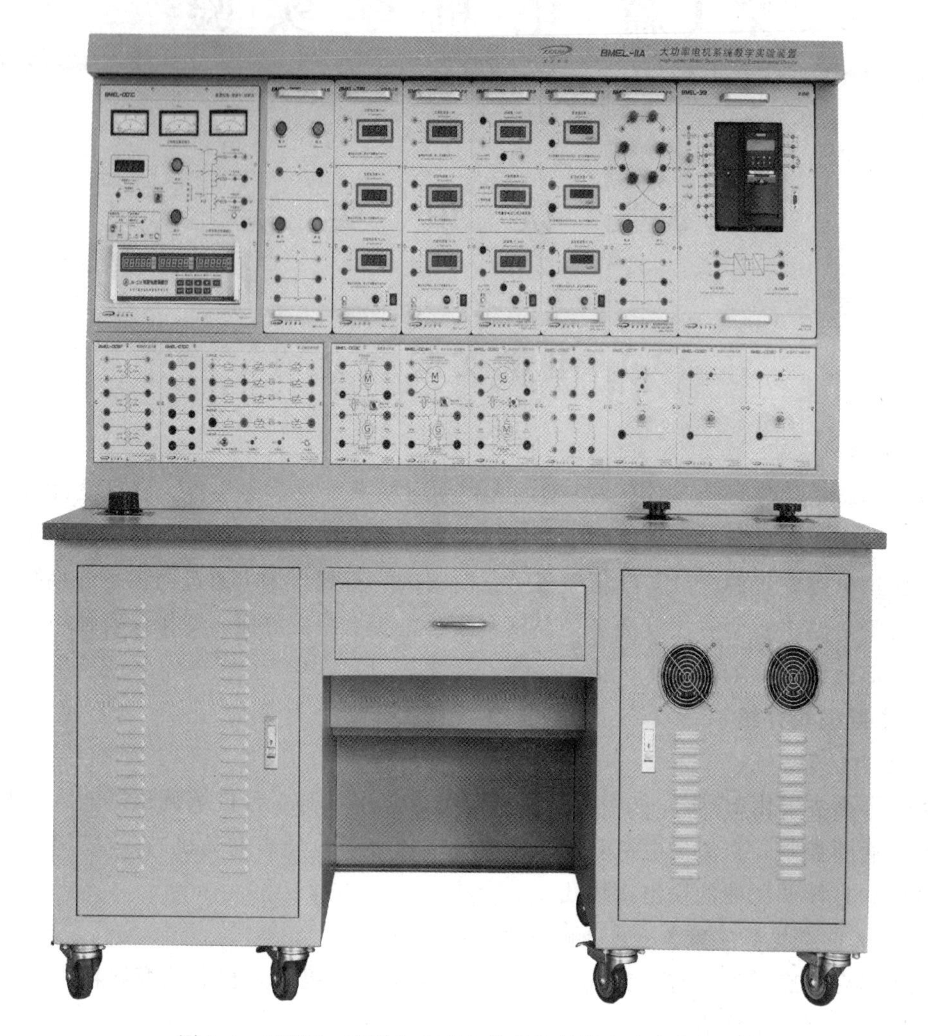

图 3.1　BMEL-Ⅱ型大功率电机系统教学实验台实物图

4. 辅助控制模块

(1) BMEL-35B：旋转指示灯和并网开关挂箱，用于同步发电机的并网观察和操作。

(2) BMEL-30B：接触器控制开关挂箱，用于设计实验电路在不同负载（例如：空载、纯电阻负载、短路等）情况下的切换。

5. 实验导线规格

(1) 1.5 平方的普通实验导线：在实验过程中可安全通过有效值为 10A 以内的电流。

(2) 2.5 平方的电枢电源专用实验导线：用于直流电动机电枢电源的接线，在实验过程中可安全通过有效值为 20A 以内的电流。

6. 励磁电源模块

(1) BMEL-008F：直流电动机励磁电源调节装置及其接线孔，其控制面板如图 3.2 (a) 所示。

(2) BMEL-009E：同步电机励磁电源调节装置及其接线孔，其控制面板如图 3.2 (b) 所示。

7. 电枢电源模块

直流电动机电枢电源模块型号为 BMEL-007F，采用了一种新型高频开关直流电源作为直流电动机的电枢电源，其控制面板如图 3.3 所示。

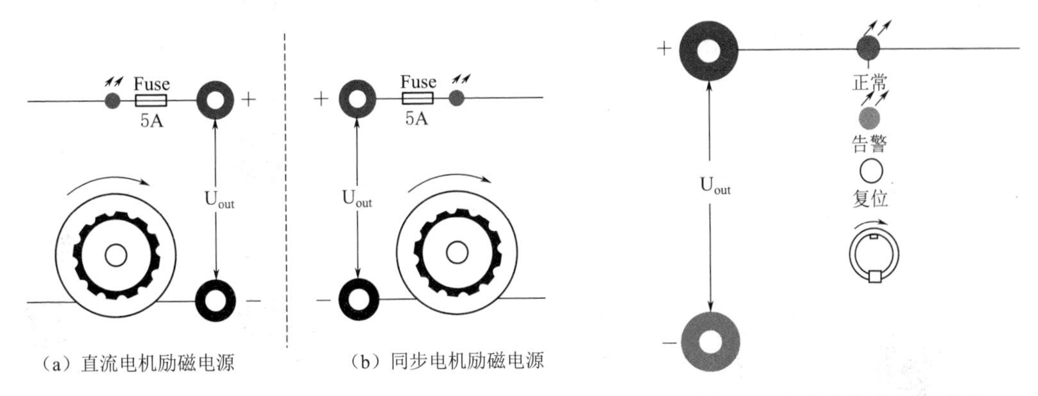

(a) 直流电机励磁电源　(b) 同步电机励磁电源

图 3.2 励磁电源控制面板图

图 3.3 电枢电源控制面板图

8. 电阻箱模块

单相和三相功率电阻箱型号为 BMEL-010G，可作为变压器、直流发电机及三相同步发电机的输出所接的单相及三相负载使用，其操作面板如图 3.4 所示。

图 3.4 中电阻箱各部件的功能见表 3.1。

表 3.1　电阻箱各部分的功能

编号	功　能	备　注
1	转接线区	在电阻接线过程中的一些转接线接在此处
2	三相电阻接线孔	根据不同的接线可以将三相电阻接成 Y 形和△形接法
3	60Ω 安全电阻	在每相电阻中，都串接了 60Ω 的安全电阻，防止当电阻短接时，出现电流突然增大的情况
4	30Ω 可调电阻	第 2 段可调电阻，调节范围为 0～30Ω
5	120Ω 可调电阻	第 1 段可调电阻，调节范围为 0～120Ω
6	过流复位按钮	按下该按钮时，将会对短接或者过流的电阻进行复位，使其重新接入负载回路中
7	过流指示灯	当每段电阻的电流超过约 5A 时，会触发过流指示灯点亮，同时会直接将两段电阻开路，以保护电阻不被烧毁
8	电阻短接指示灯	当每段电阻的电流超过约 2A 时，会触发短接指示灯点亮，同时会直接将触发第 2 段 120Ω 的电阻短路
9	电阻调节旋钮 2	第 2 段 30Ω 可调电阻，向左旋电阻变小，向右旋电阻变大
10	电阻调节旋钮 1	第 1 段 120Ω 可调电阻，向左旋电阻变小，向右旋电阻变大
11	电阻切换按钮	用于三相电阻和单相电阻工作方式的切换，应当注意严禁在通电时切换该按钮
12	单相大功率电阻	单相大功率电阻接线孔

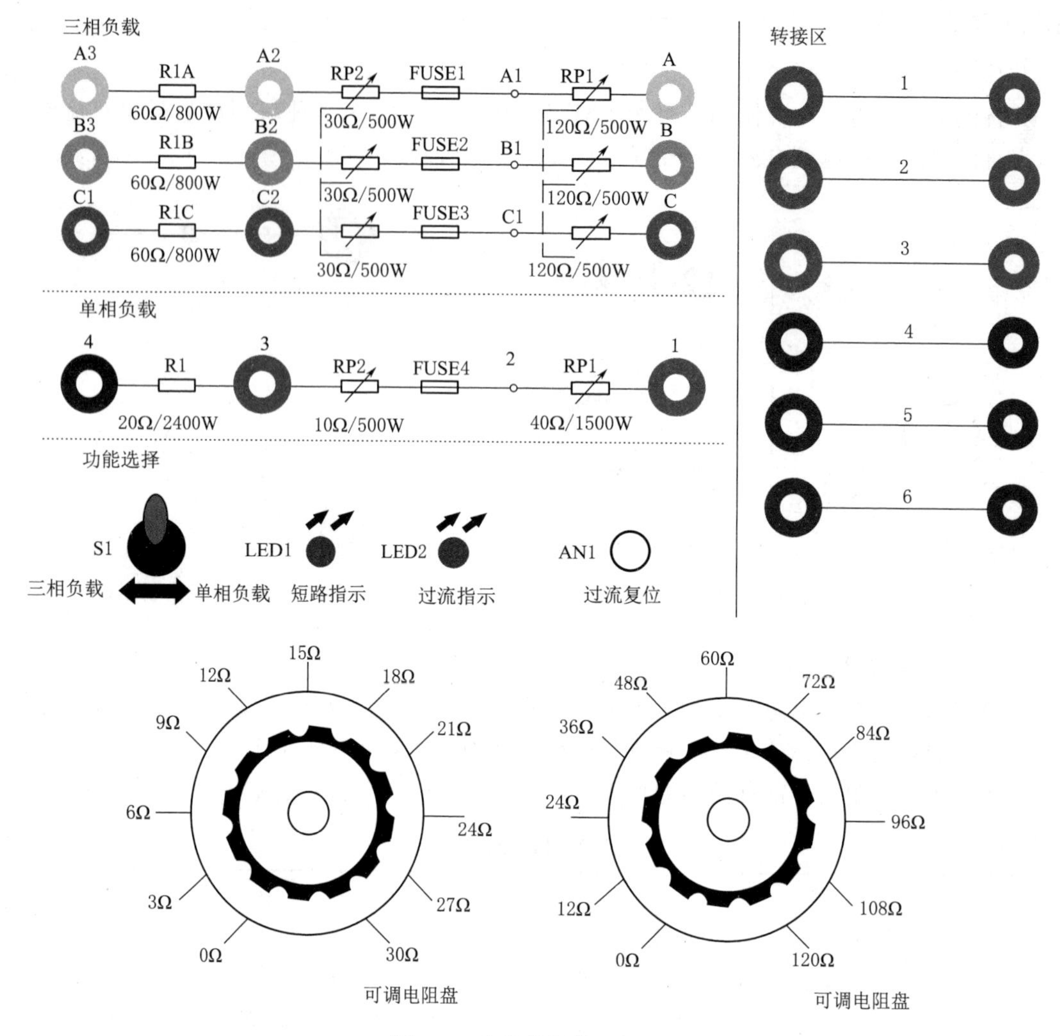

图 3.4 电阻箱操作面板图

3.1.3 操作注意事项

1. 三相交流电源和自耦调压器的操作方法

（1）实验台上的三相交流电源总开关的操作方法：按下“启动”按钮后，绿色指示灯亮起，表示自耦调压器的输入端 U_1、V_1、W_1、N_1 插孔已经接入到三相交流电网，三相交流调压电源输出插孔 U、V、W、N 上已通电，并且励磁电源和电枢电源的输入端已经接通；按下“断开”按钮后，红色指示灯亮起，表示自耦调压器的输入端已经和电网断开，并且励磁电源和电枢电源的输入端已经和电网断开；在实验台正常操作过程中，严禁突然接通或者突然断开实验台上的三相交流电源总开关。

（2）自耦调压器的操作方法：实验台接通三相交流电后，适当旋转调压器旋钮，在 0～450V 范围内调节输出线电压幅值，并注意观察三相输出电压是否平衡。调压器输出线电压幅值大小由控制屏左下方的三只交流电压表指示，输出电压从调压器的输出接线孔引出。结束实验前，将调节调压器旋钮，使得调压器输出逐渐降为0V。

2. 励磁电源的操作方法

（1）打开励磁电源开关之前，应当将调节旋钮调至零位。

（2）合上电源控制闭合开关即打开励磁电源开关，缓慢调节旋钮逐渐增加励磁电源的输出。

（3）结束实验前，先将励磁电源调节旋钮调至零位，再关闭励磁电源的开关。

（4）当他励型直流电机正常运行时，严禁将励磁电源突然断电，否则将引起实验台的失磁保护功能的动作。

3. 电枢电源的操作方法

（1）打开电枢电源开关之前，应当将调节旋钮调至零位。

（2）合上电源控制闭合开关即打开电枢电源开关，此时复位按钮上的告警灯应当亮起。

（3）按下复位按钮，告警灯熄灭，缓慢调节旋钮，逐渐增加电枢电源的输出。

（4）结束实验前，将电枢调节旋钮调至零位，再关闭电枢电源的开关。

（5）当工作指示灯亮起时，切勿触摸任何与电枢电源连接的带电部分，防止发生触电危险。

（6）电枢电源应当与励磁电源配合使用，当电机处于弱磁或失磁状态时，严禁打开电枢电源的开关。

4. 电阻箱的操作方法

（1）通电前，应先确认两个电阻调节旋钮都处于电阻值最大的位置，并检查电阻箱的散热风扇是否正常运转。

（2）在未通电的情况下对电阻箱进行输出孔的接线操作。

（3）检查电阻箱的接线并确认无误后，对电阻箱进行通电，先缓慢调节第1段电阻旋钮，逐渐减小电阻，当短接指示灯亮起后，停止调节第1段电阻旋钮，再缓慢调节第2段电阻旋钮，逐渐减小电阻，直至测完实验的最后一组数据。

（4）应当先确认电阻箱所接通的主电路已进行断电操作后，再按下过流复位按钮，随后将两段电阻的调节旋钮旋转至阻值最大位置。

（5）当过流指示灯点亮时，应当降低每相电阻流过的电流，防止烧毁电阻线圈。

（6）当电阻箱有较大电流通过时，不能强行按下过流复位按钮，否则可能会造成运行中的电机失稳。

3.2 实验对象介绍

3.2.1 单相变压器

实验台采用了BK－1KVA型单相变压器。其额定容量为$S_N=1kV\cdot A$，高压侧有三组接线绕组分接头，分别为209V、220V和231V，低压侧只有一组110V绕组接头。单

图 3.5 实验用单相变压器实物图

相变压器的外形如图 3.5 所示。

3.2.2 三相芯式变压器

实验台采用了 DJ－12A 型三相芯式变压器。其额定容量为 $S_N=2\text{kV}\cdot\text{A}$，高压和低压侧的额定电压分别为 $U_{1N}/U_{2N}=380\text{V}/220\text{V}$，高压和低压侧的额定电流分别为 $I_{1N}/I_{2N}=3.04\text{A}/5.25\text{A}$。三相芯式变压器的外形结构如图 3.6 所示。

3.2.3 同步发电机-直流电动机机组

实验台采用了 STC－2.2－4 型三相同步发电机，绕组采用 Y 形连接。其额定功率 $P_N=2.75\text{kW}$、额定线电压为 $U_N=400\text{V}$、额定电流 $I_N=3.96\text{A}$、额定转速 $n_N=1500\text{r/min}$、额定励磁电压 $U_{fN}=58\text{V}$、额定励磁电流 $I_{fN}=2.4\text{A}$；机组中采用 Q/JBQG 2 Z2－41 型并励直流电动机，额定功率 $P_N=3\text{kW}$、额定电压 $U_N=220\text{V}$、额定电流 $I_N=17.5\text{A}$、额定转速 $n_N=1500\text{r/min}$、额定励磁电压 $U_{fN}=220\text{V}$、额定励磁电流 $I_{fN}=0.505\text{A}$。机组外形和铭牌参数如图 3.7 所示。

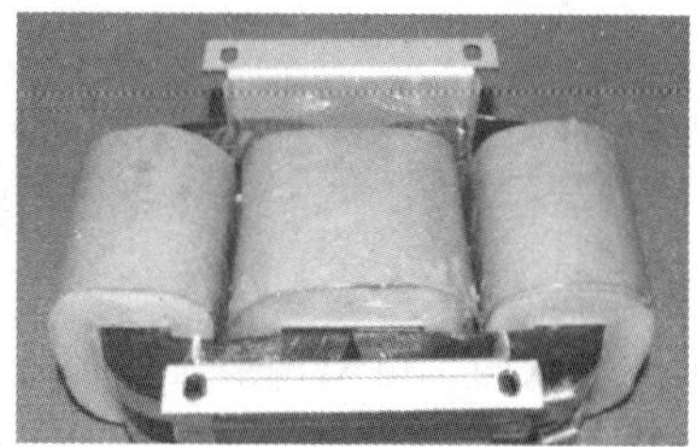

图 3.6 一种三相芯式变压器外形结构图

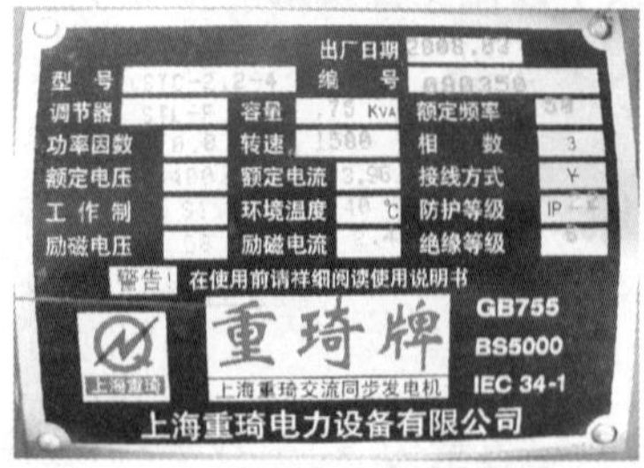

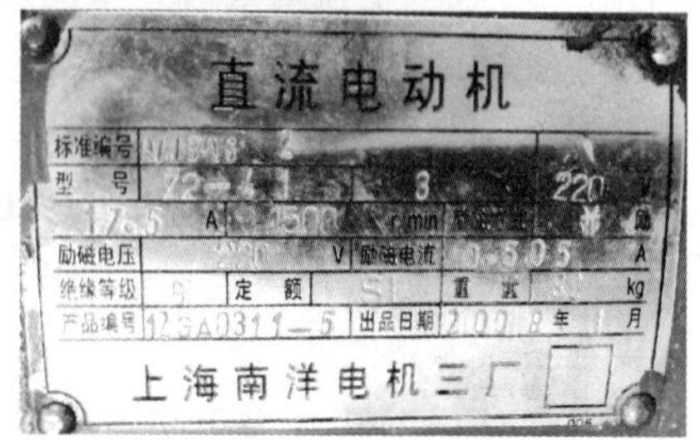

图 3.7 同步发电机-直流电动机组外形及铭牌参数图

3.2.4　异步发电机-直流发电机组

实验台采用了 Y100L1－4 型三相鼠笼式异步电动机，其额定功率 P_N＝2.2kW、额定电压 U_N＝380V（定子绕组采用 Y 形接法）。额定电流 I_N＝5A、额定转速 n_N＝1400r/min；机组中采用 Q/JBQG 2 Z2－31 型直流发电机，其额定功率 P_N＝1.5kW、额定电压 U_N＝230V、额定电流 I_N＝6.52A、额定转速 n_N＝1500r/min、额定励磁电压 U_{fN}＝220V、额定励磁电流 I_{fN}＝0.47A。机组外形和铭牌参数如图 3.8 所示。

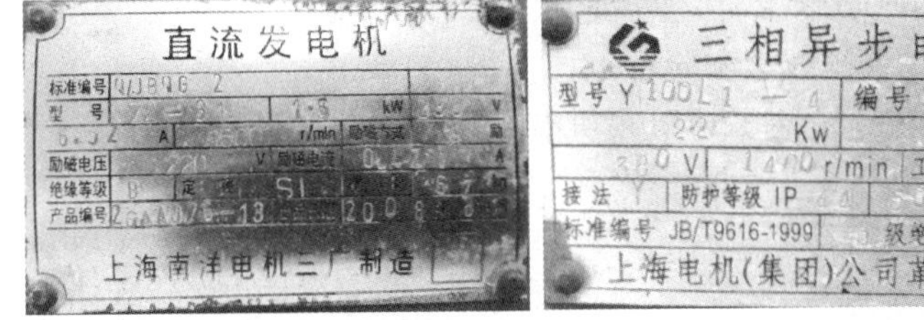

图 3.8　异步电动机-直流发电机组外形及铭牌参数图

3.2.5　直流电动机-直流发电机组

实验台采用了 Q/JBQG 2 Z2－32 型他励直流电动机，其额定功率 P_N＝2.2kW、额定电压 U_N＝220V、额定电流 I_N＝12.5A、额定转速 n_N＝1500r/min、额定励磁电压 U_{fN}＝220V、额定励磁电流 I_{fN}＝0.61A；机组中采用 Q/JBQG 2 Z2－31 型直流发电机，其额定功率 P_N＝1.5kW、额定电压 U_N＝230V、额定电流 I_N＝6.52A、额定转速 n_N＝1500r/min、额定励磁电压 U_{fN}＝220V、额定励磁电流 I_{fN}＝0.47A。机组外形和铭牌参数如图 3.9 所示。

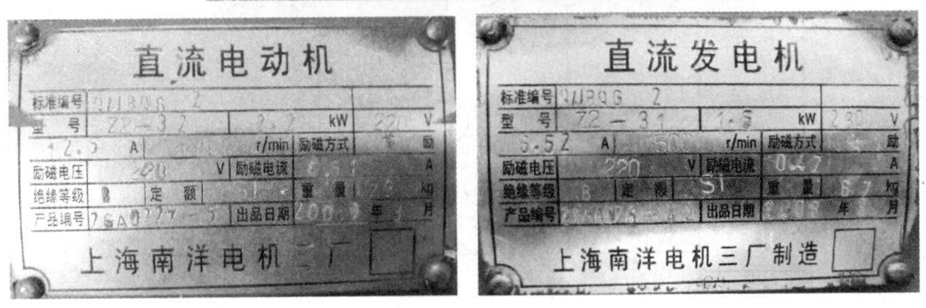

图 3.9　直流电动机-直流发电机组外形及铭牌参数图

第4章　变 压 器 实 验

4.1　单相变压器参数测定及特性实验

4.1.1　实验目的

(1) 通过空载特性实验和短路特性实验测量单相变压器的变比和励磁参数。

(2) 通过负载特性实验测量变压器的运行特性。

4.1.2　实验设备

(1) BMEL－Ⅱ型电机系统教学实验台。

(2) 交流电压表、交流电流表、功率和功率因数表。

(3) 三相可调电阻负载。

(4) 单相变压器。

(5) 数字式万用表。

4.1.3　实验项目

(1) 单相变压器空载特性实验，测取空载特性：$U_0=f(I_0)$，$P_0=f(U_0)$，$\cos\varphi_0=f(U_0)$。

(2) 单相变压器短路特性实验，测取短路特性：$U_K=f(I_K)$，$P_K=f(I_K)$，$\cos\varphi_K=f(I_K)$。

(3) 单相变压器纯电阻负载特性实验，保持 $U_1=U_{1N}$，$\cos\varphi_2=1$ 的条件下，测取外特性 $U_2=f(I_2)$。

4.1.4　实验流程

1. 空载特性实验

空载特性实验中，单相变压器 T 的额定参数为：$U_{1N}/U_{2N}=220V/110V$，$I_{1N}/I_{2N}=4.54A/9.09A$。实验接线原理如图 4.1 所示。

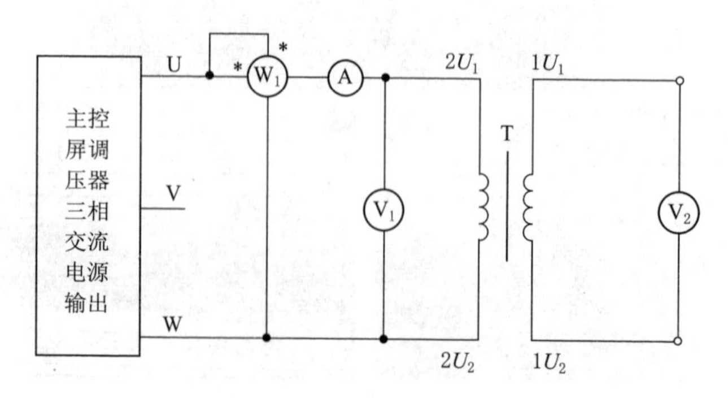

图 4.1　单相变压器空载特性实验接线原理图

实验时，选用调压器输出的一组线电压作为单相变压器的输入，变压器按照升压变压器的接法，即低压侧的绕组 $2U_1-2U_2$ 接电源输入，高压侧绕组 $1U_1-1U_2$ 开路。利用实验台挂箱上的交流电压表 V_1 和 V_2、交流电流表 A_1 分别测量低压测的电流和电压以及高压侧的开路电压，注意功率表的电压线圈和电流线圈的同名端不能接错。

实验具体步骤如下：

（1）在合上三相交流电源开关之前，将调压器旋钮调节到0位置，并合理选择各仪表的量程。

（2）合上三相交流电源绿色“闭合”开关，逐渐旋转调压器的旋钮，使变压器低压侧输入的空载电压达到 $U_i=1.1U_N\approx121V$。

（3）随后进行单方向调节，逐渐减小变压器低压侧输入的电源电压，使 U_i 在 $1.1U_N\sim0.5U_N$ 的范围内，测取变压器低压侧的 U_i、I_0、P_0，一共测取8组数据，记录于表4.1中。其中低压侧的输入电压在额定电压 $U_N=110V$ 时的那点必须测量，并在该点附近应当多测量几点。为了计算变压器的变比，在测量原边（低压侧）电压的同时，应当测量副边（高压侧）的输出电压 U_0，并填入表4.1中。

表4.1 单相变压器空载特性实验数据记录表

编号	实验数值				计算数值
	低压侧 U_i/V	I_0/A	P_0/W	高压侧 U_0/V	$\cos\varphi$
1					
2					
3					
4					
5					
6					
7					
8					

2. 短路特性实验

单相变压器短路特性实验的接线原理如图4.2所示。

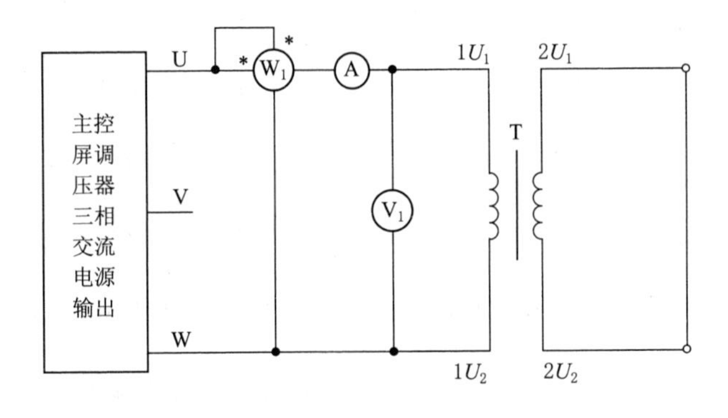

图4.2 单相变压器短路特性实验接线原理图

实验时，选用调压器输出的一组线电压作为单相变压器的输入，变压器高压侧的绕组 $1U_1-1U_2$ 接电源输入，低压侧绕组 $2U_1-2U_2$ 直接短路。利用实验台上的交流电压表 V_1、交流电流表 A_1 分别测量原边（即高压侧）的短路电压 U_K 和短路电流 I_K，功率表测量原边（即高压侧）的输入功率 P_K，需注意功率表的电压线圈和电流线圈的 * 端不能接错线。实验具体步骤如下：

（1）在合上三相交流电源开关之前，先将调压器旋钮调节到0V位置，并合理选择各仪表的量程。

（2）合上交流电源绿色“闭合”开关，接通交流电源，缓慢地逐渐增加输入电压，直至达到短路电流 $I_K=1.1I_N$（约为4.9A）时为止。在 $I_K=1.1I_N\sim0.5I_N$ 的范围内测取变压器的 U_K、I_K 和 P_K。一共测取8组数据，记录于表4.2中，其中 $I_K=I_N$ 的那个点必测，并记录下进行实验时周围的环境温度（单位为℃）。

表4.2　　**单相变压器短路特性实验数据记录表**　　环境温度 $\theta=$______℃

编号	实验数值			计算数值
	U_K/V	I_K/A	P_K/W	$\cos\varphi_K$
1				
2				
3				
4				
5				
6				
7				
8				

3. 纯电阻负载特性实验

单相变压器纯电阻负载特性实验接线原理如图4.3所示。

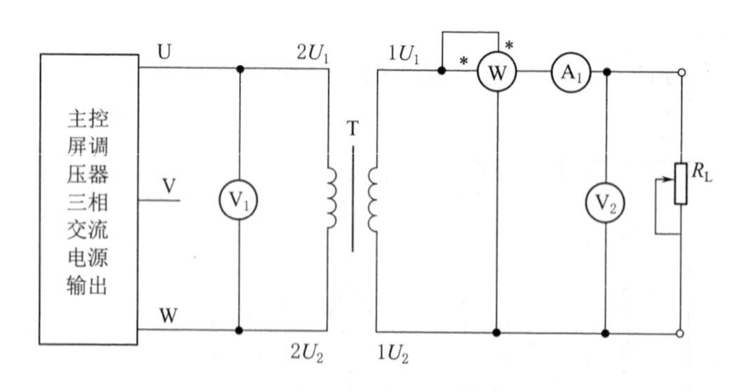

图4.3　单相变压器纯电阻负载特性实验接线原理图

实验时，选用调压器输出的一组线电压作为单相变压器的输入，变压器低压侧的绕组 $2U_1-2U_2$ 接电源输入，高压侧绕组 $1U_1-1U_2$ 接到纯电阻负载电阻 R_L 上。利用实验台挂箱上的交流电压表 V_1 和 V_2、交流电流表 A_1 分别测量副边高压侧的电流和电压以及原边低压侧的输入电压。功率表测量副边高压侧纯电阻负载上的输出功率，需注意功率表的电压线圈和电流线圈的 * 端不能接错。实验具体步骤如下：

（1）合上三相交流电源开关之前，将调压器旋钮调节到0V位置。合理选择各仪表的量程，并将纯电阻负载 R_L 的电阻值调节到最大值。

（2）合上三相交流电源绿色“闭合”开关，逐渐调高电源输入电压，使得变压器输入电压达到 $U_2=U_N=110V$。

（3）在保持 $U_2=U_N$ 的条件下，逐渐调小负载电阻 R_L 的值，使得负载电流 I 的逐渐增加，实现负载从空载到额定值得范围内，通过电压表 V_2 和电流表 A_1 测取变压器的输出电压 U_2 和电流 I_2。

（4）测取数据时，当 $I_1=0$ 和 $I_1=I_N=4.54A$ 时，这两点必测，一共测取8组数据，记录于表4.3中。

表4.3　单相变压器纯电阻负载特性实验数据记录表　$\cos\varphi_2=1$　$U_2=U_N=110V$

编号	1	2	3	4	5	6	7	8
U_1/V								
I_1/A								

4.1.5　实验分析

1. 计算变比

由空载特性实验测取变压器原边和副边的电压数据，分别计算出一组变比值，取其平均值作为变压器的变比 K。变比计算公式如下：

$$K=U_{1U_1-1U_2}/U_{2U_1-2U_2}$$

2. 绘出空载特性曲线并计算励磁参数

（1）根据实验记录数据，绘制出三条空载特性曲线 $U_0=f(I_0)$，$P_0=f(U_0)$，$\cos\varphi_0=f(U_0)$。

其中

$$\cos\varphi_0=\frac{P_0}{U_0I_0}$$

（2）计算励磁参数。从空载特性曲线上找出对应于 $U_0=U_N$ 时的 I_0 和 P_0 值，并由下列公式计算该单相变压器的励磁参数：

$$r_m=\frac{P_0}{I_0^2}$$

$$Z_m=\frac{U_0}{I_0}$$

$$X_m=\sqrt{Z_m^2-r_m^2}$$

3. 绘出短路特性曲线并计算短路参数

（1）根据实验记录数据，绘制出三条短路特性曲线 $U_K=f(I_K)$、$P_K=f(I_K)$、$\cos\varphi_K=f(I_K)$。

（2）计算短路参数。从短路特性曲线上找出对应于短路电流 $I_K=I_N$ 时的 U_K 和 P_K

值，由下式算出实验环境温度为θ（℃）时的单相变压器的短路参数：

$$Z'_K=\frac{U_K}{I_K}$$

$$r'_K=\frac{P_K}{I_K^2}$$

$$X'_K=\sqrt{{Z'_K}^2-{r'_K}^2}$$

如果折算到低压侧，则单相变压器的短路参数为

$$Z_K=\frac{Z'_K}{K^2}$$

$$r_K=\frac{r'_K}{K^2}$$

$$X_K=\frac{X'_K}{K^2}$$

由于短路电阻r_K随温度而变化，因此，计算出的短路电阻应按国家标准换算到基准工作温度为75℃时的阻值，根据以下公式计算：

$$r_{K75℃}=r_{K\theta}\frac{234.5+75}{234.5+\theta}$$

$$Z_{K75℃}=\sqrt{r_{K75℃}+X_K^2}$$

式中采用铜导线时，常数为234.5，若用铝导线则常数应取为228。

单相变压器的短路阻抗电压根据以下公式计算：

$$U_K=\frac{I_N Z_{K75℃}}{U_N}\times100\%$$

$$U_{Kr}=\frac{I_N r_{K75℃}}{U_N}\times100\%$$

$$U_{KX}=\frac{I_N X_K}{U_N}\times100\%$$

短路电流$I_K=I_N$时的负载功率损耗为$p_{KN}=I_N^2 r_{K75℃}$

4. 利用空载和短路特性实验测定的参数，画出该单相变压器折算到低压侧的Γ型等效电路。

5. 变压器的电压变化率ΔU

（1）绘制出$\cos\varphi_2=1$时，单相变压器的外特性曲线$U_2=f(I_2)$，并由特性曲线计算$I_2=I_{2N}$时的电压变化率：

$$\Delta U=\frac{U_{20}-U_2}{U_{20}}\times100\%$$

（2）根据实验求出的参数，算出$I_2=I_{2N}$、$\cos\varphi_2=1$时的电压变化率：

$$\Delta U=(U_{Kr}\cos\varphi_2+U_{Kx}\sin\varphi_2)$$

将两种计算结果进行比较，并分析两种计算方法的区别。

4.1.6　实验思考

（1）在空载特性实验及短路特性实验的接线原理图中，为什么将电压表、电流表及功

率表的前后位置做这样的布置？试说明其原因。在空载和短路特性实验中选择仪表量程时分别应当注意什么问题？

（2）为什么在进行单相变压器的空载特性实验时，输入电压应当加在低压侧？而进行短路特性实验时输入电压应当加在高压侧？

4.2　三相变压器参数测定及特性实验

4.2.1　实验目的

（1）通过空载特性实验，掌握三相变压器的空载特性、变比及励磁参数的测量方法。

（2）通过短路特性实验，掌握三相变压器的短路特性及短路参数的测量方法。

（3）通过电阻负载特性实验，掌握三相变压器接纯电阻负载的外特性。

4.2.2　实验设备

（1）BMEL－Ⅱ型大功率电机系统教学实验台。

（2）交流电压表、交流电流表、功率和功率因数表。

（3）三相可调电阻负载。

（4）三相芯式变压器。

（5）数字式万用表。

4.2.3　实验项目

（1）三相变压器空载特性实验：测取空载特性 $U_0=f(I_0)$，$P_0=f(U_0)$，$\cos\varphi_0=f(U_0)$。

（2）三相变压器短路特性实验：测取短路特性 $U_K=f(I_K)$，$P_K=f(I_K)$，$\cos\varphi_K=f(I_K)$。

（3）三相变压器纯电阻负载特性实验：在 $U_1=U_{1N}$、$\cos\varphi_2=1$ 的条件下，测取外特性 $U_2=f(I_2)$。

4.2.4　实验流程

1. 空载特性实验

空载特性实验的接线如图 4.4 所示，变压器采用 Yy0 接法，变压器的低压侧接标准三相电源，高压侧保持开路，即三相变压器以升压变压器方式工作。图 4.4 中的 A、V、W 分别代表交流电流表、交流电压表和功率表。采用两表法测量三相功率。功率表在接线时需要将电压线圈和电流线圈的 * 端进行短接。具体实验步骤如下：

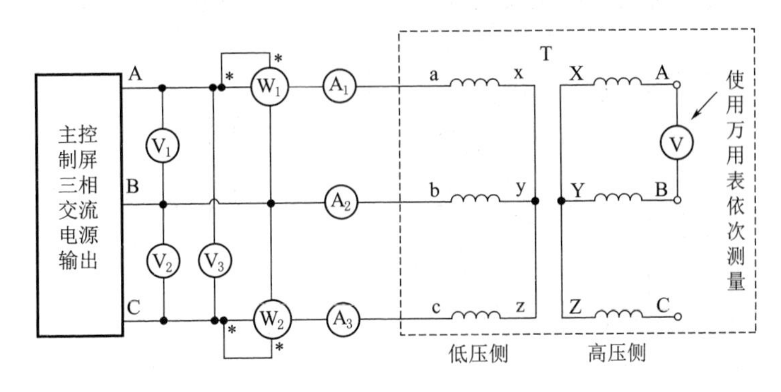

图 4.4　三相变压器空载特性实验接线原理图

（1）接通电源前，先确认实验台上自耦调压器的旋钮已经调回到输出为 0V 的位置。按下实验台的交流电源绿色“闭合”按钮，顺时针调节调压器旋钮，使三相变压器低压侧的输入线电压达到额定电压的 1.1 倍（即：$U=1.1U_N$，约 240V）。同时在调节调压器旋钮提升电压的过程中应当注意，若发现三相电压之间不对称（相差 10V 以上时），应当立即停止实验并将调压器旋钮调节至 0V 位置；在 $U=1.1U_N$ 的状态不要停留太长时间，测完数据后，应当立即将三相变压器的输入电压降低至额定值 U_N 附近。

（2）随后逐步降低自耦调压器的输出电压，使得输出电压范围在 $U=1.1U_N \sim 0.5U_N$ 之间，依次测量三相变压器的电压、电流和功率等数据，并记录于表 4.4 中。在测量过程应当注意单方向地调节自耦调压器的输出电压；在额定点 $U=U_N$ 的数据必测，并且在该点附近应当多测量一些数据点。

表 4.4　　三相变压器空载特性实验数据记录表　　（环境温度：______℃）

序号	测量数据												计算值		
	低压侧电压/V			高压侧电压/V			低压侧空载电流 I_{01}/A			空载功率 P_0/kW		功率因数	U_{02}/V	I_{02}/A	P_0/W
	U_{ab}	U_{bc}	U_{ca}	U_{AB}	U_{BC}	U_{CA}	I_a	I_b	I_c	P_1	P_2	$\cos\varphi_0$			
1															
2															
3															
4															
5															
6															
7															
8															

（3）测量结束后，将自耦调压器的旋钮旋转回到 0V 的位置，按下实验台交流电源红色“断开”按钮，切断三相电源输入。在确认电压表和电流表的示数均变为 0 后，方可改动实验接线，再进行接下来的实验。

2. 短路特性实验

三相变压器短路特性实验的接线原理如图 4.5 所示。三相变压器的高压侧接标准三相

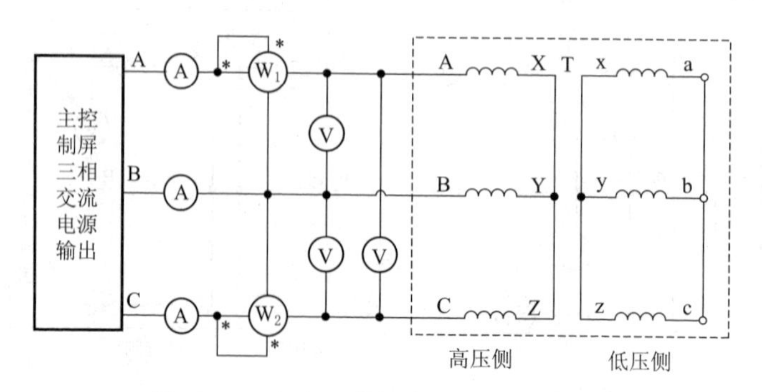

图 4.5　三相变压器短路特性实验接线图

电源，将低压侧的 a、b、c 三相直接短路，实验具体步骤如下：

（1）接通电源前，一定要先将自耦调压器的旋钮调到输出为 0V 的位置。按下实验台的交流电源绿色“闭合”按钮，顺时针缓慢的转动自耦调压器旋钮，注意不能旋转过快，否则短路电流会非常大，将会发生危险。逐渐增大自耦调压器输出电压的过程中，同时观察三只交流电流表的示数，使三相变压器高压侧的短路电流达到额定电流值的 1.1 倍，即 $I_K=1.1I_N$（约为 3.3A）。注意在此状态不要停留太长时间，测完数据后，立即减小调压器的输出电压，使电流降下来。

（2）实验前，记录下周围的环境温度，作为绕组线圈的环境温度。随后调节自耦调压器的旋钮，逐渐降低输出电压，使短路电流在 $I_K=0.5I_N\sim1.1I_N$ 的范围内，依次测量变压器高压侧的三相输入电压、电流及功率，共记录 8 组数据于表 4.5 中。其中，额定点（$I_K=I_N$）必测，并按照均匀间隔测量其他几组数据。

表 4.5　三相变压器短路特性实验数据记录表　（环境温度：______℃）

序号	实验测量值									计算值		
	高压侧电压 U_{K1}/V			高压侧短路电流 I_{K1}/A			短路功率 P_K/kW		功率因数	U_K/V	I_K/A	P_K/kW
	U_{AB}	U_{BC}	U_{CA}	I_A	I_B	I_C	P_{K1}	P_{K2}	$\cos\varphi_k$			
1												
2												
3												
4												
5												
6												
7												
8												

（3）测量结束后，将自耦调压器旋钮转回到 0V 的位置，按下实验台上交流电源红色“断开”按钮，切断三相电源供电。在确认电压和电流表的示数均变为 0 后，方可改动实验接线，进行接下来的实验。

3. 纯电阻负载特性实验

三相变压器纯电阻负载特性实验的接线如图 4.6 所示。三相变压器高压侧接标准三相电源，低压侧接由三相电阻 R_L 构成的纯电阻负载，三相电阻 R_L 采用三角形接法。

具体实验步骤如下。

（1）接通电源前，先将自耦调压器的输出调至 0V 的位置，同时将三相电阻 R_L 的阻值调节旋钮调至最大位置，按下实验台的交流电源绿色“闭合”按钮，顺时针调节调压器旋钮，逐渐增大调压器的输出电压，观察变压器低压侧交流电压表的示数，使变压器低压侧的输出电压达到额定电压 $U_2=U_{2N}=220$V。

（2）保持 $U_1=U_{1N}$ 不变，通过不断减小三相电阻 R_L 的阻值，逐渐增加负载电流，依

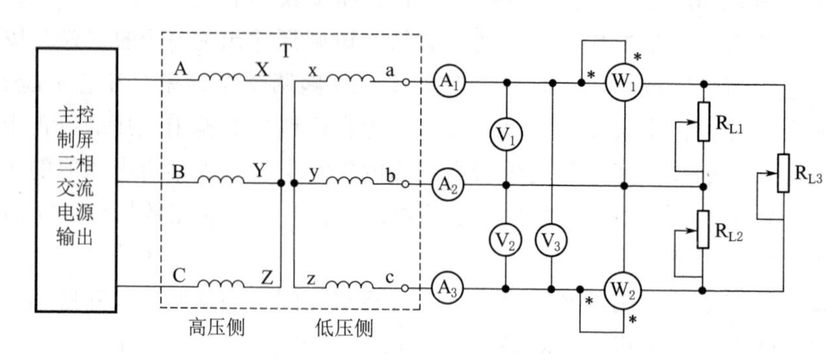

图 4.6　三相变压器纯电阻负载特性实验接线图

次测量变压器副边的电压和电流值，需要注意随着三相电阻负载电流的增大，电阻箱将会发生第Ⅰ段电阻短接的现象，严禁在此时强行复位电阻，一共测取 8 组数据，记录于表 4.6 中。

表 4.6　　**三相变压器纯电阻负载特性实验数据记录表**　（环境温度：______℃）

序号	实验测量值						输出功率	计算值	
	低压侧电压 U_2/V			低压侧电流 I_2/A				低压侧电压	低压侧电流
	U_{ab}	U_{bc}	U_{ca}	I_a	I_b	I_c	P_2/kW	U_2/V	I_2/A
1									
2									
3									
4									
5									
6									
7									
8									

（3）测量结束后，将自耦调压器旋钮旋转回到 0V 的位置，按下实验台交流电源红色“断开”按钮，切断三相电源供电。在确认电压和电流均变为 0 后，再按下电阻箱的复位按钮，并将电阻箱的电阻旋钮调至电阻最大值，方可拆除实验接线并结束实验。

4.2.5　实验分析

1. 计算变压器的变比

根据空载特性实验在额定电压时原边和副边的电压数据，分别计算出各项的变比数值，然后取其平均值作为变压器的变比 K。变比计算公式如下：

$$K_{AB}=\frac{U_{AB}}{U_{ab}},\quad K_{BC}=\frac{U_{BC}}{U_{bc}},\quad K_{CA}=\frac{U_{CA}}{U_{ca}},\quad K=\frac{K_{AB}+K_{BC}+K_{CA}}{3}$$

2. 根据空载特性实验数据作空载特性曲线，计算励磁参数

（1）绘制三相变压器低压侧的空载特性曲线：

$$U_0=f(I_0),P_0=f(U_0),\cos\varphi_0=f(U_0)$$

其中

$$U_{02}=(U_{ab}+U_{bc}+U_{ca})/3$$

$$I_{02}=(I_{a}+I_{b}+I_{c})/3$$

$$P_{0}=P_{01}+P_{02}\text{(代数和)}$$

$$\cos\varphi_{0}=\frac{P_{0}}{\sqrt{3}U_{02}I_{02}}$$

(2) 计算三相变压器励磁参数。取 $U_2=U_{2N}$ 时的 U_{02}、I_{02}、P_0 数据，由下式分别计算出低压侧的励磁参数：

$$r'_{m}=\frac{P_{0}}{3I_{02}^{2}},\quad z'_{m}=\frac{U_{02}}{\sqrt{3}I_{02}},\quad x'_{m}=\sqrt{z'^{2}_{m}-r'^{2}_{m}}$$

(3) 将低压侧的励磁参数折算至高压侧：

$$r_{m}=K^{2}r'_{m},\quad x_{m}=K^{2}x'_{m},\quad z_{m}=K^{2}z'_{m}$$

3. 绘出原边侧的短路特性曲线，计算短路参数

(1) 绘出短路特性曲线 $U_K=f(I_K)$，$P_K=f(I_K)$，$\cos\varphi_K=f(I_K)$。

$$U_{K}=(U_{AB}+U_{BC}+U_{CA})/3$$

$$I_{K}=(I_{A}+I_{B}+I_{C})/3$$

$$P_{K}=P_{K1}+P_{K2}$$

$$\cos\varphi_{K}=\frac{P_{K}}{\sqrt{3}U_{K}I_{K}}$$

(2) 计算短路参数。根据 $I_K=I_N$ 时的 U_K、I_K、P_K 数据，由下式算出实验环境温度 θ（℃）时的短路参数：

$$r_{K}=\frac{P_{K}}{3I_{N}^{2}},\quad z_{K}=\frac{U_{K}}{\sqrt{3}I_{N}},\quad x_{K}=\sqrt{z_{K}^{2}-r_{K}^{2}}$$

按国家标准将短路电阻换算到基准工作温度 75℃时的阻值，基准工作温度的短路参数为 $r_{K75℃}$ 和 $Z_{K75℃}$，计算出短路阻抗电压：

$$U_{K}=\frac{\sqrt{3}I_{N}Z_{K75℃}}{U_{N}}\times100\%$$

$$U_{Kr}=\frac{\sqrt{3}I_{N}r_{K75℃}}{U_{N}}\times100\%$$

$$U_{KX}=\frac{\sqrt{3}I_{N}X_{K}}{U_{N}}\times100\%$$

$I_K=I_N$ 时的负载损耗功率为

$$P_{KN}=3I_{N}^{2}r_{K75℃}$$

4．根据空载和短路特性实验测定的参数，画出三相变压器的Γ型等效电路

5．绘制外特性曲线并计算变压器的电压变化率ΔU

（1）根据测量到的负载电压U_2和电流I_2，绘制出电阻负载$\cos\varphi_2=1$时的负载特性曲线$U_2=f(I_2)$，并根据特性曲线，由下式计算出$I_2=I_{2N}$（即额定负载）时的电压变化率ΔU：

$$\Delta U=\frac{U_{2N}-U_2}{U_{2N}}\times 100\%$$

（2）根据实验求出的参数，计算出$I_2=I_N$、$\cos\varphi_2=1$时的电压变化率ΔU，即

$$\Delta U=\beta(U_{Kr}\cos\varphi_2+U_{KX}\sin\varphi_2)$$

4.2.6　实验思考

（1）观察空载特性$U_0=f(I_0)$的曲线形状，根据其与铁芯磁化曲线的关系，指出在空载实验过程中为什么要单方向调节电压？

（2）短路特性$U_K=f(I_K)$与空载特性$U_0=f(I_0)$的曲线形状有何不同？

（3）测量的励磁参数为何要折算到高压侧？而短路参数则无需折算？

（4）在计算励磁参数时为何要用额定电压下的测量数据？计算短路参数时为何要用额定电流下的测量数据？

（5）在空载和短路特性实验中，为减小测量误差，电压表应该怎样接线（内接法还是外接法）？为什么采用这样接线？

（6）说明变压器接纯电阻负载特性实验中三相电阻的作用，实验过程中减小三相电阻是如何模拟负荷变化的？

4.3　三相变压器联结组验证和不对称短路实验

4.3.1　实验目的

（1）掌握用实验方法判定三相变压器绕组的同名端。

（2）掌握通过实验验证三相变压器联结组别的类型。

（3）研究三相变压器不对称短路现象。

4.3.2　实验设备

（1）BMEL－Ⅱ型大功率电机系统教学实验台。

（2）三相芯式变压器。

（3）数字式万用表。

（4）交流电压表挂箱。

4.3.3　实验项目

（1）利用通电法找到三相变压器各绕组端头并判定绕组的同名端。

（2）连接三相变压器的各种绕组以验证联结组的类型。

1）Yy0联结组。

2）Yy6联结组。

3）Yd11联结组。

4）Yd5 联结组。

（3）不对称短路

1）Yy0 联结组情况下的单相短路的实验。

2）Yy0 联结组情况下的两相短路实验的实验。

4.3.4　实验流程

1. 测定三相变压器各绕组端头并判定绕组的同名端

假定在实验前，拿到一台没有任何标记的三相双绕组芯式变压器，其高、低压侧各绕组的 12 个端头已经引出到实验台主控制屏的接线板上，但绕组接线端头没有任何标记，如图 4.7 所示。

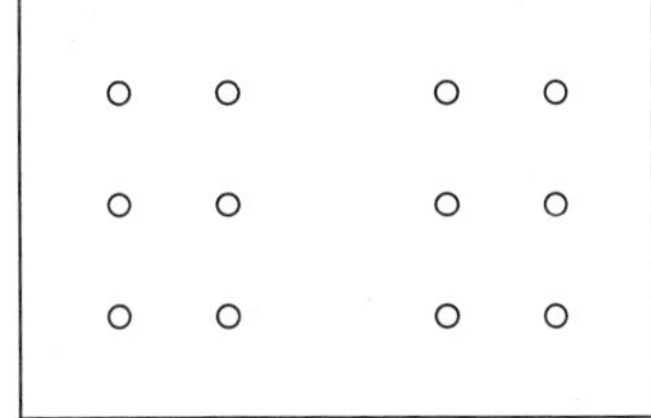

图 4.7　接线端无标记的三相双绕组芯式变压器示意图

利用该实验台配备的设备和仪表，设计一种简单的实验方案，判断出这些端头所属的相序，并标出首、尾端字母。

（1）首先利用万用表电阻挡测量各端头间的电阻。能够测量到特定电阻值的两个端头必属于同一个绕组，12 个端头分别属于 6 个绕组。其中：阻值大且阻值相同的三个绕组为高压绕组；阻值小且阻值相同的三个绕组为低压绕组。

（2）随后选择一个高压侧绕组，加一个较小的交流电压值 U_1（120V 左右），用数字万用表依次测量 U_2、U_3、U_4、U_5 和 U_6 的数值。如果 U_2 和 U_3 同为高压侧绕组，则必然有 $U_1=U_2+U_3$，如果在低压侧测量得到 $U_4=U_5+U_6$ 的结果，那么必然可以得到 U_4 和 U_1 分别对应的两个绕组端头为同相，且在同一个铁芯柱上面。以上方法的原理如图 4.8 所示。

（3）接下来，可分别测得三相绕组原边和副边的同相位的高低压侧的两个端头，但是高低压侧同相绕组的同名端尚未确定，暂且假定三相变压器的同名端按照图 4.9 来进行标记。

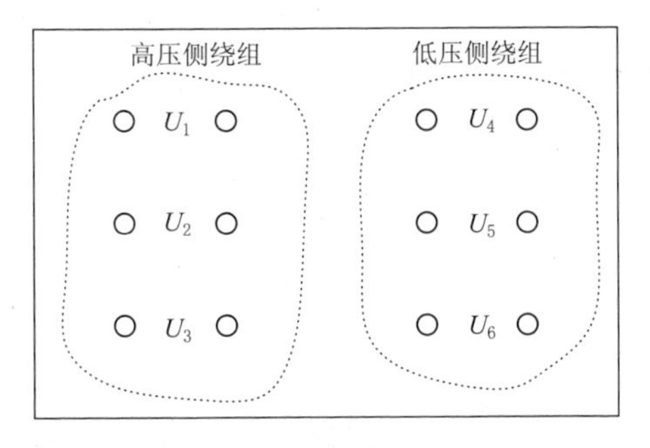

图 4.8　判定同相位绕组的方法原理图

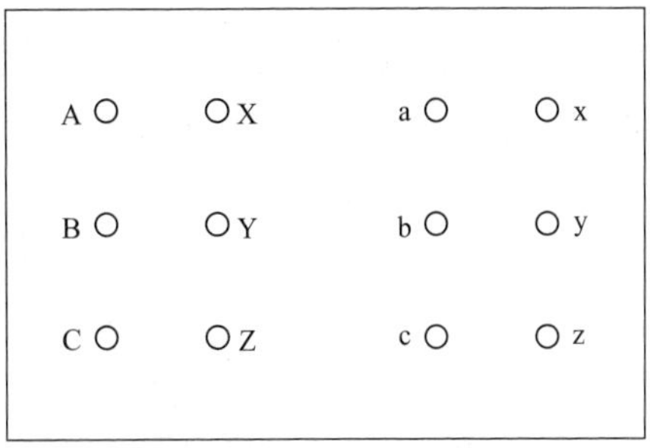

A　X　a　x
B　Y　b　y
C　Z　c　z

图 4.9　绕组同极性端尚未确定的变压器接线板示意图

（4）接下来，以 A 相绕组为例，按照步骤（3）假定的情况将 A 相的高压侧和低压侧绕组的端头按照图 4.10 中所示进行连接。

将 X 和 x 端短接起来，在高压侧的绕组端头 A、X 间加一个较小的交流电压 U_1（约为 120V），使用万用表分别测量低压绕组端头 a、x 之间的电压（记为 U_2）和 A、a 之间的电压（记为 U）。如果 $U=U_1-U_2$，则 A、a 和 X、x 分别为同名端；如果 $U=U_1+U_2$，则 A、x 和 a、X 分别为同名端。并在三相变压器上将同名端用符号“ * ”标记下来。依此方法重复实验，可判断出另外 B 和 C 两相高压和低压侧绕组的同名端。

2. 三相变压器联结组的测定

（1）Yy0 联结组的验证实验。在上个实验确定了三相变压器原边副边的同相位绕组和同极性端（以符号“ * ”表示）后，按照如图 4.11 所示方法，对变压器进行 Yy0 联结组的接线，接线时请注意观察图中字母符号与同名端符号“ * ”之间的关系。

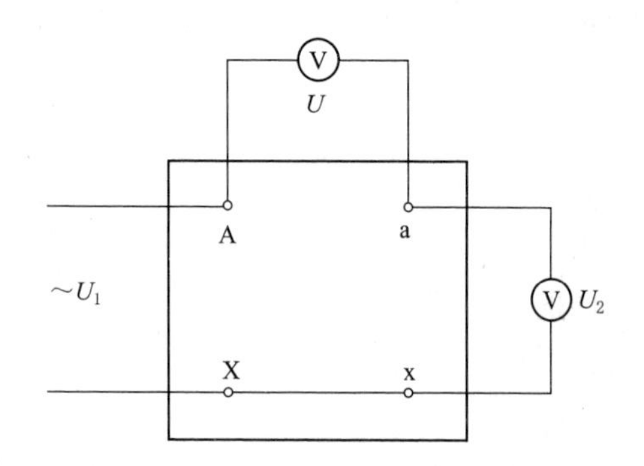

图 4.10　测定一相绕组同极性端原理图

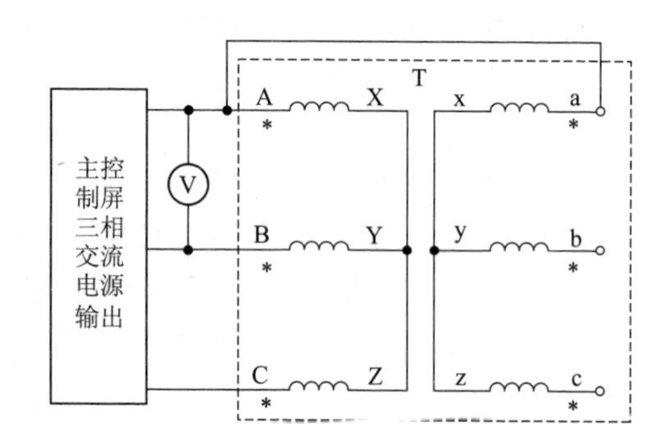

图 4.11　三相变压器 Yy0 联结组接线原理图

将三相变压器原边和副边绕组的同名端，A、a 两端点用实验导线连接起来，在高压侧加三相对称的 0.5 倍的额定电压 U_N（约 190V）。使用数字式万用表的交流电压挡，分别测出 U_{AB}、U_{ab}、U_{Bb}、U_{Cc} 及 U_{Bc} 的电压值，并记录在表 4.7 中。

表 4.7　　Yy0 联结组电压测量值和计算值记录表

实验测量值					计算值			
U_{AB}/V	U_{ab}/V	U_{Bb}/V	U_{Cc}/V	U_{Bc}/V	K_L	U_{Bb}/V	U_{Cc}/V	U_{Bc}/V

对于以上采用 Yy0 联结组方式的，各电压相量之间应有如图 4.12 所示的几何关系。可根据三角解算关系推导出如下关系式：

$$K_L=\frac{U_{AB}}{U_{ab}}$$

$$U_{Bb}=U_{Cc}=(K_L-1)U_{ab}$$

$$U_{Bc}=U_{ab}\sqrt{(K_L^2-K_L+1)}$$

根据 U_{AB} 和 U_{ab} 的测量值，将计算出的电压 U_{Bb}、U_{Cc} 和 U_{Bc} 的数值与实验测取的数值进行比较，如果基本相同，则验证了该联结组的接线方式为 Yy0 联结组。

（2）三相变压器 Yd11 联结组的验证实验。以三相变压器原边和副边绕组的同名端（以符号“ * ”表示）为参照，按照如图 4.13 所示方法对变压器进行 Yd11 联结组的接线。接线时请注意观察图中字母符号与同名端符号“ * ”之间的关系。

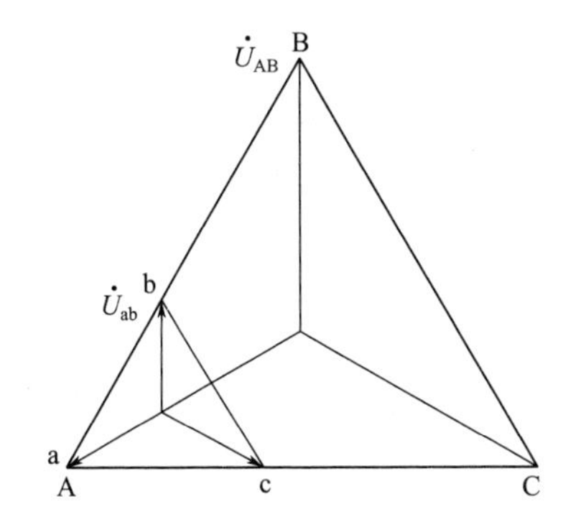

图 4.12 Yy0 联结组电压相量之间的关系图

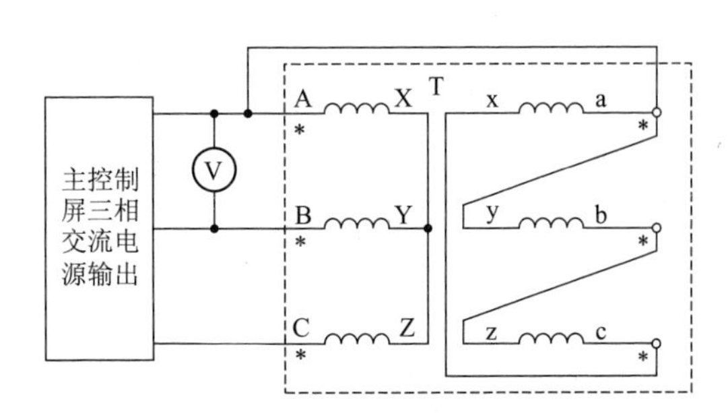

图 4.13 三相变压器 Yd11 联结组接线原理图

将三相变压器原边和副边绕组的同名端，A、a 两端点用导线连接起来，在高压侧加三相对称的 0.5 倍的额定电压 U_N（约 190V）。使用数字式万用表的交流电压挡，分别测出 U_{AB}、U_{ab}、U_{Bb}、U_{Cc} 及 U_{Bc} 的电压值，并记录在表 4.8 中。

表 4.8　　　　Yd11 联结组电压测量值和计算值记录表

实验测量值					计算值			
U_{AB}/V	U_{ab}/V	U_{Bb}/V	U_{Cc}/V	U_{Bc}/V	K_L	U_{Bb}/V	U_{Cc}/V	U_{Bc}/V

对于采用 Yd11 联结组方式的，其各电压相量之间应有如图 4.14 所示的几何关系。

可根据三角解算关系推导出如下关系式：

$$K_L=\frac{U_{AB}}{U_{ab}}$$

$$U_{Bb}=U_{Cc}=U_{Bc}=U_{ab}\sqrt{K_L^2-\sqrt{3}K_L+1}$$

根据 U_{AB} 和 U_{ab} 的测量值，将计算出的电压 U_{Bb}、U_{Cc} 及 U_{Bc} 的数值与实验测取的数值进行比较，如果基本相同，则验证了该联结组的接线方式为 Yd11 联结组。

（3）Yy6 联结组的验证实验。以三相变压器原边和副边绕组的同名端（以符号“＊”表示）为参照，按照图 4.15 所示方法对变压器进行 Yy6 联结组的接线，接线时请注意观察图中字母符号与同名端符号“＊”之间的关系。

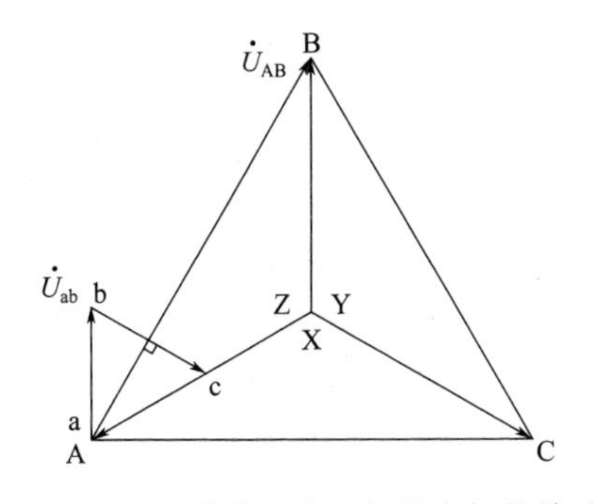

图 4.14 Yd11 联结组电压相量之间的关系图

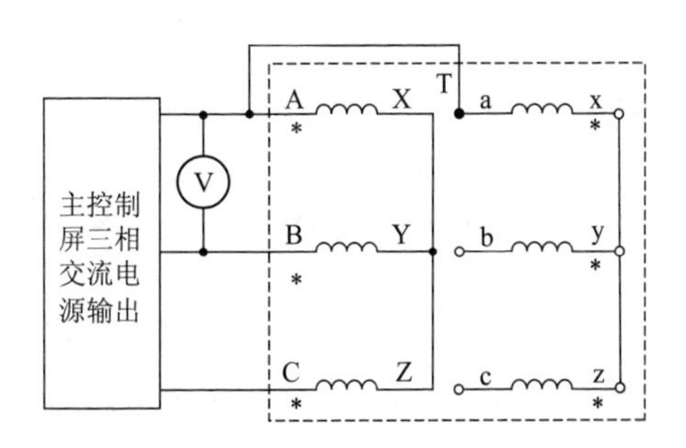

图 4.15 三相变压器 Yy6 联结组接线原理图

将三相变压器同相的原边和副边绕组的非同名端，A、a两端点用导线连接起来，在高压侧加三相对称的0.5倍的额定电压U_N（约190V）。使用数字式万用表的交流电压挡，分别测出U_{AB}、U_{ab}、U_{Bb}、U_{Cc}及U_{Bc}的电压值，并记录在表4.9中。

表4.9　Yy6联结组电压测量值和计算值记录表

实验测量值					计算值			
U_{AB}/V	U_{ab}/V	U_{Bb}/V	U_{Cc}/V	U_{Bc}/V	K_L	U_{Bb}/V	U_{Cc}/V	U_{Bc}/V

对于采用Yy6联结组方式的，其各电压相量之间应有如图4.16所示的几何关系。

可根据三角解算关系推导出如下关系式：

$$K_L=\frac{U_{AB}}{U_{ab}}$$

$$U_{Bb}=U_{Cc}=(K_L+1)U_{ab}$$

$$U_{Bc}=U_{ab}\sqrt{(K_L^2+K_L+1)}$$

根据U_{AB}和U_{ab}的测量值，将计算出的电压U_{Bb}、U_{Cc}及U_{Bc}的数值与实验测取的数值进行比较，如果基本相同，则验证了该联结组的接线方式为Yy6联结组。

（4）Yd5联结组的验证实验。以三相变压器原边和副边绕组的同名端（以符号“*”表示）为参照，按照如图4.17所示方法对变压器进行Yd5联结组的接线，接线时请注意观察图中字母符号与同名端符号“*”之间的关系。

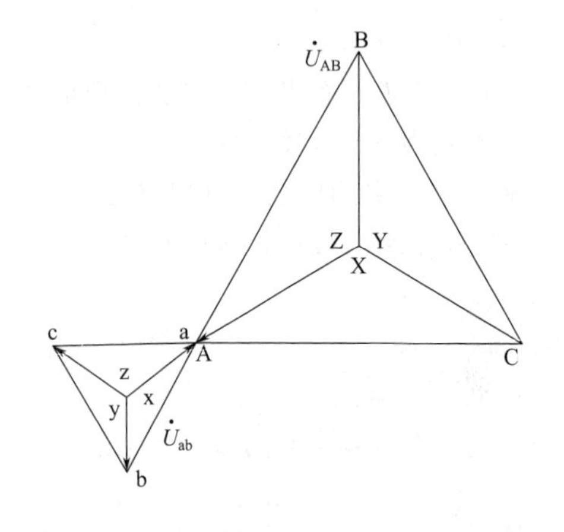

图4.16　Yy6联结组电压相量之间的关系图

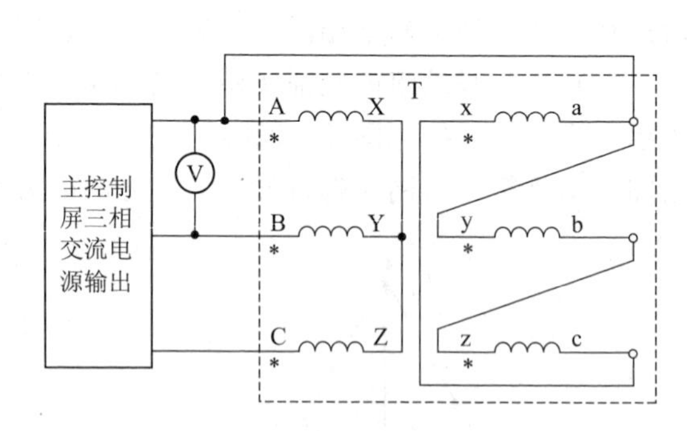

图4.17　三相变压器Yd5联结组接线原理图

将三相变压器同相的原边和副边绕组的非同名端，A、a两端点用导线连接起来，在高压侧加三相对称的0.5倍的额定电压U_N（约190V）。使用数字式万用表的交流电压挡，分别测出U_{AB}、U_{ab}、U_{Bb}、U_{Cc}及U_{Bc}的电压值，并记录在表4.10中。

表 4.10　　　　Yd5 联结组电压测量值和计算值记录表

实验测量值					计算值			
U_{AB}/V	U_{ab}/V	U_{Bb}/V	U_{Cc}/V	U_{Bc}/V	K_L	U_{Bb}/V	U_{Cc}/V	U_{Bc}/V

对于采用 Yd5 联结组方式的，其各电压相量之间应有如图 4.18 所示的几何关系。

可根据如下的三角解算关系推导出如下关系式：

$$K_L=\frac{U_{AB}}{U_{ab}}$$

$$U_{Bb}=U_{Cc}=U_{Bc}=U_{ab}\sqrt{K_L^2+\sqrt{3}K_L+1}$$

根据 U_{AB} 和 U_{ab} 的测量值，将计算出的电压 U_{Bb}、U_{Cc} 及 U_{Bc} 的数值与实验测取的数值进行比较，如果基本相同，则验证了该联结组的接线方式为 Yd5。

3. 不对称短路实验

(1) Yy0 联结组单相短路的情况。使用一只交流电流表将三相芯式变压器低压侧绕组的一相 x－a 短路，另外三只交流电流表分别测量高压侧绕组的三相电流，实验接线原理如图 4.19 所示。

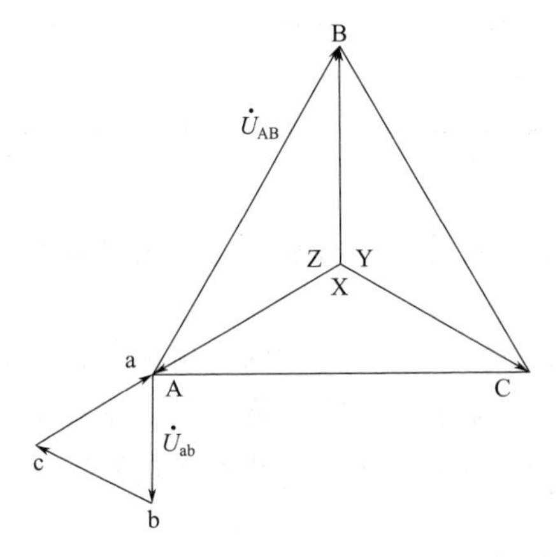

图 4.18　Yd5 联结组电压相量之间的关系图

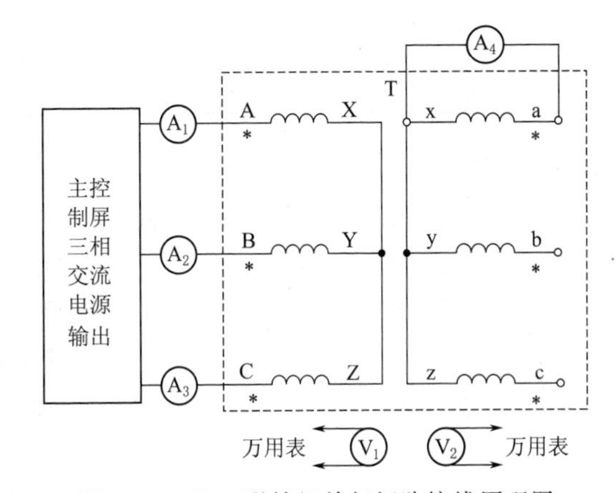

图 4.19　Yy0 联结组单相短路接线原理图

通电前先将自耦调压器旋钮调到输出电压为 0V 的位置，按下实验台的交流电源绿色“闭合”按钮，旋转调压器旋钮，逐渐增加其输出电压，直至低压侧的短路电流达到额定值 $I_{2K}=I_{2N}$ 为止。利用图 4.19 中的四只交流电流表依次读取此时的短路电流 I_{2K}，高压侧的电流 I_A、I_B 和 I_C，并使用两只万用表依次测取低压侧的相电压 U_a、U_b 和 U_c，高压侧的相电压 U_A、U_B 和 U_C，线电压 U_{AB}、U_{BC} 和 U_{CA}，将数据记录于表 4.11 中。

表 4.11　　　　Yy0 连接单相短路实验数据记录表

电流	I_{2K}/A	I_A/A	I_B/A	I_C/A					
电压	U_A/V	U_B/V	U_C/V	U_{AB}/V	U_{BC}/V	U_{CA}/V	U_a/V	U_b/V	U_c/V

（2）Yy0 联结组两相短路的情况。使用一只交流电流表将三相芯式变压器低压侧绕组的两相 a－b 进行短路，另外三只交流电流表分别测量高压侧绕组的三相电流，实验接线原理如图 4.20 所示。

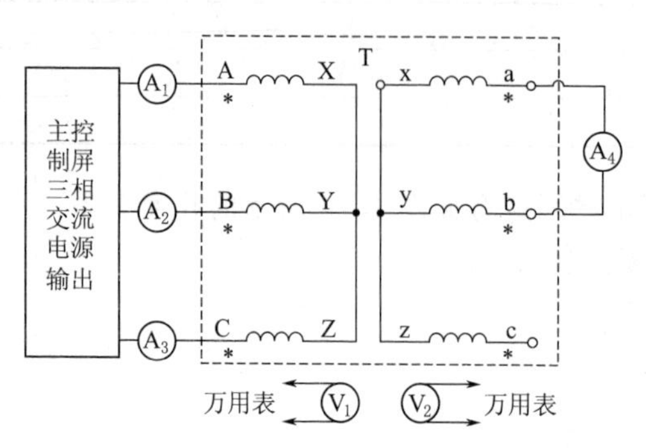

图 4.20　Yy0 联结组两相短路接线原理图

通电前先将调压器旋钮调到输出电压为 0V 的位置，按下实验台的交流电源绿色“闭合”按钮，旋转调压器的旋钮，逐渐增加其输出电压，直至低压侧的短路电流达到额定值 $I_{2K}=I_{2N}$ 为止。利用图 4.20 中的四只交流电流表依次读取此时的短路电流 I_{2K} 和高压侧的电流 I_A、I_B 和 I_C，并使用两只万用表依次测取低压侧的相电压 U_a、U_b 和 U_c，高压侧的相电压 U_A、U_B 和 U_C，将数据记录于表 4.12 中。

表 4.12　　Yy0 联结组两相短路实验数据记录表

电流	I_{2K}/A	I_A/A	I_B/A	I_C/A		
电压	U_a/V	U_b/V	U_c/V	U_A/V	U_B/V	U_C/V

4.3.5　实验分析

（1）根据测定三相变压器同名端实验的方法，设计实验方案将数据记录在实验报告中，并验证结果的正确性。

（2）分别在 Yy0、Yy6、Yd11 和 Yd5 联结组方式下，根据相量图的三角解算关系推导 U_{AB}、U_{ab}、U_{Bb}、U_{Cc} 及 U_{Bc} 之间的数量关系，把联结组测定计算结果填写在对应的实验记录数据表中，比较 U_{Bb}、U_{Cc} 及 U_{Bc} 测量值与计算值的误差，分析产生误差的主要原因。

（3）计算三相变压器在不对称短路情况下的原边高压侧的电流 I_A、I_B 和 I_C。

1）在 Yy0 单相短路的情况下。

此时副边低压侧电流

$$\dot{I}_a=\dot{I}_{2K}，\dot{I}_c=\dot{I}_b=0$$

为了求出原边即高压侧的电流，认为此时励磁电流可以忽略不计，则有

$$\dot{I}_C=-\frac{2\dot{I}_{2K}}{3K},\dot{I}_B=\dot{I}_C=\frac{\dot{I}_{2K}}{3K}$$

式中　K——变压器的变比。

将计算出的 I_A、I_B、I_C 与实际测量值进行比较，分析产生误差的原因，并分析当采用 Yy0 联结组时，三相组式变压器带单相负载的能力以及中点移动的原因。

2）在 Yy0 两相短路的情况下。

此时副边低压侧电流

$$\dot{I}_a=-\dot{I}_b=\dot{I}_{2K},\dot{I}_c=0$$

为了求出原边即高压侧的电流，认为此时励磁电流可以忽略不计，则有

$$\dot{I}_A=-\dot{I}_B=-\frac{\dot{I}_{2K}}{K},\dot{I}_C=0$$

将计算出的 I_A、I_B、I_C 与实际测量值进行比较，分析产生误差的原因，并分析当采用 Yd 联结组时，接带单相负载是否会有中点移动的现象，并分析原因。

4.3.6　实验思考

（1）分析为何当 A 和 a 为同名端时，有如下的电压关系 $U=U_1-U_2$；A 和 x 为同名端时，有如下的电压关系 $U=U_1+U_2$？

（2）分析采用不同联结组方式和不同铁芯结构对三相变压器空载电流和电动势波形的影响。

（3）由实验数据算出 Yy 和 Yd 接法时的原边 U_{AB}/U_A 比值，分析产生差别的原因是什么？

（4）根据实验过程，分析三相组式变压器不宜采用 Yy0 和 Yy6 连接方法的原因。

4.4　单相变压器并联运行实验

4.4.1　实验目的

（1）掌握两台单相变压器并联运行的条件及方法。

（2）验证变比不同时对两台变压器对并联运行的影响。

4.4.2　实验设备

（1）BMEL－Ⅱ型大功率电机系统教学实验台。

（2）交流电压表、交流电流表。

（3）三相可调电阻器。

（4）单相变压器。

（5）单刀双掷开关。

4.4.3　实验项目

（1）将两台参数一致的单相变压器投入并联运行。

（2）观察并记录两台变比不相同的单相变压器投入并联运行时出现的环流现象及负载分配情况。

4.4.4　实验流程

1. 将两台参数一致的单相变压器投入并联运行

变压器可以投入并联运行的三个条件是：变比相同、短路阻抗标幺值相同、联结组别相同。对于单相变压器来说，不存在联结组别的问题，因此只需要保证变比相同和短路阻抗标幺值相同即可投入并联运行。将两台参数完全一致的单相变压器 T_1 和 T_2 按照图 4.21 所示方法接线后，进行并联运行。

使用外置式三相可调变阻器中的一相作为负载 R，将 R 的阻值调至最大，依次合上单刀开关 K1、K2 和 K3，调节自耦调压器手柄旋钮，将输入电压逐渐调至 $U_N=220\text{V}$，

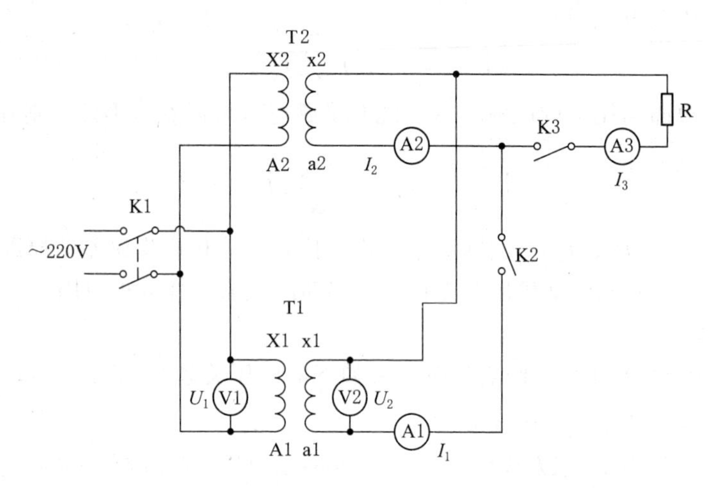

图4.21　两台单相变压器的并联运行实验接线原理图

分别观察两只交流电压表 V_1、V_2 和三只交流电流表 A_1、A_2 和 A_3 的示数，将其记录在表4.13中。随后保持输入电压 $U_N=220V$ 不变，逐渐减小电阻值，观察随着负载电流的逐渐增加，两台并联运行的单相变压器二次侧的输出电流 I_1、I_2（不包含环流）和电阻负载电流 I_3 之间的变化关系，一共记录6组数据。

表4.13　　参数完全一致的两台单相变压器并联运行时实验数据记录表

条件	记录量	测量值					
		1	2	3	4	5	6
$K_{\mathrm{I}}=K_{\mathrm{II}}$ $Z_{K\mathrm{I}}=Z_{K\mathrm{II}}$ $I_{\mathrm{I}}=I_{\mathrm{II}}$	I_1						
	I_2						
	I_3						
	U_1						
	U_2						

2. 将两台变比不同的单相变压器投入并联运行

（1）确认调压器旋钮已旋转至输出电压为0V的位置，将其中一台单相变压器原边输入端的分接头更换至230V，使其变比发生变化；另外一台输入端保持不变，原边输入端的分接头仍然保持为220V。注意：两台并联运行的单相变压器的变比不能相差太多，否则将会出现较大的环流，损坏变压器。应选择相邻近的两组变比进行实验。

（2）依次合上开关K1、K2和K3，调节调压器旋钮，将输入电压调至 $U_N=220V$，增加电压的时候注意观察环流的大小，单相变压器副边即低压侧的环流最大不能超过9A。分别观察两只交流电压表 V_1、V_2 和三只交流电流表 A_1、A_2 和 A_3 的示数，将其记录在表4.14中。随后保持输入电压 $U_N=220V$ 不变，逐渐减小电阻值，观察随着负载电流的逐渐增加，两台并联运行的单相变压器二次侧的输出电流 I_1、I_2（包含环流）和电阻负载电流 I_3 之间的变化关系，一共记录6组数据。

表 4.14 变比不同的两台单相变压器并联运行时实验数据记录表

条件	记录量	测量值					
		1	2	3	4	5	6
$K_{\mathrm{I}}>K_{\mathrm{II}}$ $Z_{\mathrm{KI}}=Z_{\mathrm{KII}}$ $I_{\mathrm{I}}=I_{\mathrm{II}}$	I_1						
	I_2						
	I_3						
	U_1						
	U_2						

3. 观察两台参数不一致的单相变压器并联运行时的环流现象

当两台单相变压器原边电压相同，但变比不同时，由于两台变压器副边绕组中的感应电势不同，将会出现电势差 ΔE，在 ΔE 的作用下，副边绕组内将会出现环流 I_c，由于本实验中两台单相变压器的额定容量相等，即 $S_{n1}=S_{n2}$，所以环流的大小根据如下公式计算：

$$I_c=\Delta E/(Z_{d1}+Z_{d2})$$

式中 Z_{d1}，Z_{d2}——两台变压器的内部阻抗。

当 Z_{d1} 和 Z_{d2} 分别用阻抗电压来表示，有

$$Z_{d1}=\frac{U_{ZK}U_N}{100I_N}$$

式中 U_N——单相变压器原边的额定电压，V；

I_N——原边的额定电流，A。

最终，观察到的实验现象应该为：当外部输入电压 U 逐渐升高时，电势差 ΔE 变大，环流 I_c 将会逐渐变大，负载上的电流 I_R 将会逐渐变小。

4.4.5 实验分析

(1) 根据表 4.13，当两台单相变压器参数一致时，作出并联运行时的负载分配曲线 $I_1=f(I_3)$、$I_2=f(I_3)$。

(2) 根据表 4.14，当两台单相变压器变比不同时，作出并联运行时的负载分配曲线 $I_1=f(I_3)$、$I_2=f(I_3)$。

(3) 分析实验中两台单相变压器变比不同时对负载分配的影响。

4.4.6 实验思考

(1) 根据实验数据，对两台单相变压器在变化不同的情况下，进行并联运行时的状态进行详细分析。

(2) 分析单相变压器并联运行时环流产生的原因，以及当输入电压升高，环流的变化趋势。

(3) 分析实验过程中两种情况下三个电流（I_1、I_2 和 I_3）之间的大小关系以及随着电阻逐渐减小后发生变化的原因。

第 5 章　三相异步电动机实验

5.1　三相异步电动机特性测定实验

5.1.1　实验目的

（1）掌握测定三相异步电动机空载特性的方法。

（2）掌握测定三相异步电动机短路特性的方法。

（3）掌握测定三相异步电动机负载工作特性的方法。

5.1.2　实验设备

（1）BMEL－Ⅱ型大功率电机系统教学实验台。

（2）交流电压表、交流电流表、功率表和功率因数表。

（3）三相可调电阻。

（4）异步电动机-直流发电机机组。

（5）直流电压表和直流电流表。

5.1.3　实验项目

（1）三相异步电动机的空载实验。

（2）三相异步电动机的堵转（短路）实验。

（3）三相异步电动机的负载实验。

5.1.4　实验流程

1. 空载试验

三相异步电动机绕组采用 Y 形接法，其额定线电压为 $U_N=380V$。空载实验的接线原理如图 5.1 所示。

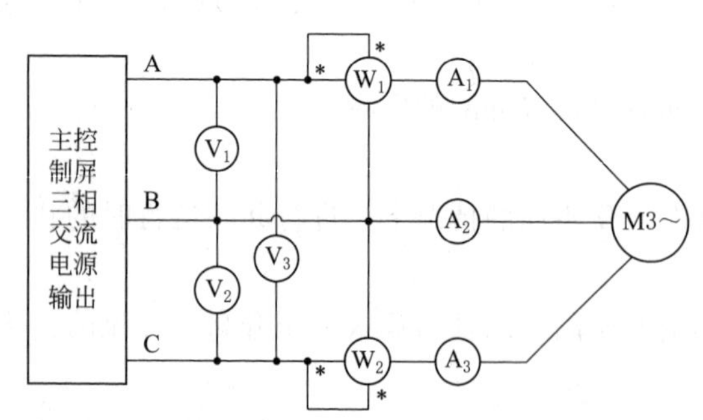

图 5.1　三相异步电动机空载实验接线图

具体实验步骤如下：

（1）首先将调压器调节旋钮旋转至零位，合上实验台的总电源，旋转调压器旋钮，采用直接起动方法起动异步电动机，并注意观察起动电流的大小。当异步电动机采用直接起动方法，特别是容量较大的异步电动机起动时，将会使电网电压产生波动，从而影响接在电网上的其他设备的正常运行；同时使电动机绕组发热，绝缘老化，缩短电动机的使用寿命。

（2）让异步电动机在额定电压下空转 1～2min，使其机械损耗达到稳定。

（3）旋转调压器，将异步动电机的电压调到 1.1 倍的额定线电压 U_N（约 410V）后，电压值开始单方向调节，逐渐降低电压至 0.5 倍的额定线电压 U_N（约 190V），依次读取空载电压 U_0、空载电流 I_0、空载功率 P_0；应当在额定电压 U_N 附近多测量几点，一共测取 8 组实验数据记录于表 5.1 中。

表 5.1　　三相异步电动机空载实验数据记录表

序号	U_0/V				I_0/A				P_0/kW			cosφ
	U_{AB}	U_{BC}	U_{CA}	U_{oavg}	I_A	I_B	I_C	I_{oavg}	P_I	P_{II}	P_O	
1												
2												
3												
4												
5												
6												
7												
8												

注　$U_{oavg}=\frac{U_{AB}+U_{BC}+U_{CA}}{3}$，$I_{oavg}=\frac{I_A+I_B+I_C}{3}$，$P_0=P_I+P_{II}$。

（4）将调压器调节旋钮迅速旋转至零位，使三相异步电动机停车，最后断开实验台的总电源开关结束实验。

2. 堵转（短路）实验

（1）实验接线原理与图 5.1 相同，使用内六角将制动螺栓拧紧，从而把异步电动机的旋转轴堵住，如图 5.2 所示。

图 5.2　异步电动机的堵转示意图

（2）将调压器旋转至零位，合上交流电源，缓慢调节调压器并时刻注意观察电流表的数值，缓慢增加调压器输出至短路电流为 1.1 倍的额定电流 I_N（约 5.5A），再逐渐降低调压器输出至 0.5 倍额定电流 I_N（约 2.5A）时为止。

（3）一共记录 8 组实验数据于表 5.2 中。

表 5.2　　三相异步电动机堵转（短路）实验数据记录表

序号	U_K/V				I_K/A				P_K/kW		
	U_{AB}	U_{BC}	U_{CA}	U_{kavg}	I_A	I_B	I_C	I_{kavg}	P_I	P_{II}	P_K
1											
2											
3											
4											
5											
6											
7											
8											

注　$U_{kavg}=\frac{U_{AB}+U_{BC}+U_{CA}}{3}$，$I_{kavg}=\frac{I_A+I_B+I_C}{3}$，$P_k=P_I+P_{II}$。

（4）做短路实验一定要快速，堵转时的异步电动机不能长时间通过较大的短路电流，否则将会产生很明显的发热现象。实验完成后应当迅速将调压器调节旋钮旋转至零位，最后断开实验台的总电源开关结束实验。

3. 负载实验

在负载实验中采用直流发电机作为三相异步电动机的负载，同时直流发电机的电枢回路串联电阻，通过调节该电阻的大小改变直流发电机电枢电流的大小，从而实现异步电动机的负荷由轻载到重载的变化过程。在本实验中异步电动机定子绕组同样采用Y形接法，额定线电压为$U_N=380V$。实验电路接线原理如图5.3所示。

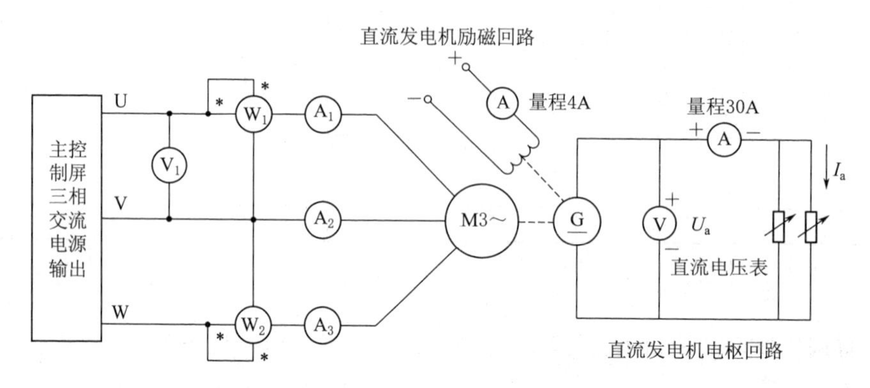

图5.3 三相异步电动机负载实验电路接线图

在实验过程中，将三相可调变阻箱中的两相电阻进行并联，作为直流发电机电枢回路的可调电阻负载，具体实验步骤如下：

（1）首先将调压器调节旋钮旋转至零位，调节直流发电机的励磁电流为0，三相可调变阻箱的调节旋钮位于电阻最大位置，按下实验台上的绿色“闭合”按钮。然后通过旋转调压器旋钮，同样采用直接起动的方法，快速地将调压器的输出电压调至额定线电压U_N，使异步电动机在轻载的情况下迅速起动并旋转起来，在接下来的实验过程中保持调压器的输出电压不变。

（2）打开励磁电源开关，逐渐缓慢增加直流发电机的励磁电流，直至直流发电机的输出达到额定电枢电压230V，记录下此时的异步电动机三相的电流数值A_1、A_2和A_3，两块功率表W_1和W_2的数值$P_Ⅰ$和$P_Ⅱ$及其代数和P_1，观察并记录扭矩仪测量的异步电动机输出的扭矩、转速和功率数值。

（3）从这点开始，通过逐渐减小电阻阻值，逐步增加直流发电机的电枢电流，从而增加三相异步电动机的输出负荷，在这一范围内依次记录异步电动机三相的电流数值A_1、A_2和A_3，两块功率表W_1和W_2的数值$P_Ⅰ$和$P_Ⅱ$及其代数和P_1，观察并记录扭矩仪测量的异步电动机输出的扭矩、转速和功率数值，直至直流发电机电枢回路的电流达到额定值6.52A，在以上过程中，需要同时保证直流发电机的电枢输出电压不要超过额定值230V，直流发电机的励磁电流不要超过额定值0.47A，方可结束实验。一共测取8组数据，记录于表5.3中。

（4）最后，将调压器调节旋钮快速旋转至零位，使异步电动机停车，随后将直流发电机的励磁电流调至0A，断开实验台的总电源开关，结束实验。

表 5.3　　三相异步电动机负载试验数据记录表

序号	异步电机电流 I/A				异步电机输入功率 P/kW			异步电机转速 n/(r/min)	异步电机输出扭矩 M_2/(N·m)	异步电机输出功率 P_2/kW
	I_A	I_B	I_C	I_1	P_I	P_{II}	P_1			
1										
2										
3										
4										
5										
6										
7										
8										

注　$I_{avg}=\dfrac{I_A+I_B+I_C}{3}$，$P_1=P_I+P_{II}$。

5.1.5　实验分析

（1）根据实验数据，作三相异步电动机的空载特性曲线：I_0、P_0、$\cos\varphi_0=f(U_0)$。

（2）根据实验数据，作三相异步电动机的短路特性曲线：I_K、$P_K=f(U_K)$。

（3）根据空载实验和短路实验的数据求三相异步电动机等效电路的参数。

1）由短路实验数据求短路参数。

短路阻抗：$$Z_K=\frac{U_K}{I_K}$$

短路电阻：$$r_K=\frac{P_K}{3I_K^2}$$

短路电抗：$$X_K=\sqrt{Z_K^2-r_K^2}$$

式中，U_K、I_K 和 P_K 可由短路特性曲线上查得，相对应于 $I=I_K$ 时的相电压、相电流和三相短路功率。

转子电阻的折合值：　$r'_2\approx r_K-r_1$　（$r_1\approx3.02\Omega$ 每相）

定、转子漏抗：$$X'_{1\sigma}\approx X'_{2\sigma}\approx\frac{X_K}{2}$$

2）由空载试验数据求励磁回路参数。

空载阻抗：$$Z_0=\frac{U_0}{I_0}$$

空载电阻：$$r_0=\frac{P_0}{3I_0^2}$$

空载电抗：$$X_0=\sqrt{Z_0^2-r_0^2}$$

式中　U_0、I_0、P_0——在额定电压时的空载电压、空载电流、空载时三相总功率。

励磁电抗：$$X_m=X_0-X_{1\sigma}$$

式中　$X_{1\sigma}$——定子绕组的漏电抗。

励磁电阻：
$$r_m = \frac{P_{Fe}}{3I_0^2}$$

式中　P_{Fe}——额定电压时的铁耗，由图 5.4 中 $U_0^2 = U_N^2$ 那个点对应的 P_{Fe} 来确定。

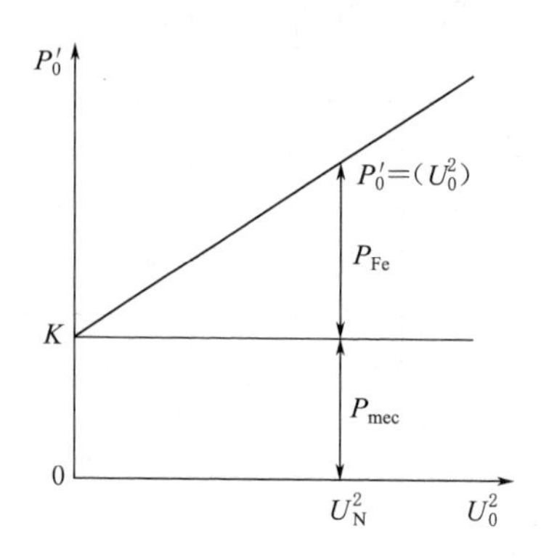

图 5.4　电机中的铁耗和机械损耗曲线图

(4) 做工作特性曲线 P_1、I_1、n、η、S、$\cos\varphi_1 = f(P_2)$。

(5) 由负载实验数据验算工作特性，填入表 5.4 中。

表 5.4　　　**三相异步电动机工作特性验算表**　　　U_N=______ V)

电动机输入		电 动 机 输 出		计　算　值			
I_1/A	P_1/W	T_2/(N·m)	n/(r/min)	P_2/W	S/%	η/%	$\cos\varphi_1$

相关的计算公式为
$$I_1 = \frac{I_A + I_B + I_C}{3}$$

$$S = \frac{1500 - n}{1500} \times 100\%$$

$$\cos\varphi_1 = \frac{P_1}{3U_1 I_1}$$

$$P_2 = 0.105 n T_2$$

$$\eta = \frac{P_2}{P_1} \times 100\%$$

式中　I_1——定子绕组电流，A；

U_1——定子绕组相电压，V；

S——转差率；

η——效率。

(6) 由损耗分析法求额定负载时的效率。

三相异步电动机的损耗如下：

1) 铁耗：P_{Fe}

2) 机械损耗：P_{mec}

3) 定子铜耗：$P_{Cu1}=3I_1^2r_1$

4) 转子铜耗：$P_{Cu2}=\dfrac{P_{em}S}{100}$

$$P_{em}=P_1-P_{Cu1}-P_{Fe}$$

式中　P_{em}——电磁功率，W。

5) 杂散损耗 P_{ad} 取为额定负载时输入功率的 0.5%。

铁耗与机械损耗之和为

$$P'_0=P_{Fe}+P_{mec}=P_0-3I_0^2r_1$$

为了分离铁耗和机械损耗，作与图 5.4 类似的曲线 $P'_0=f(U_0^2)$。

延长曲线的直线部分与纵轴相交于 K 点，K 点的纵坐标即为电动机的机械损耗 P_{mec}，过 K 点作平行于横轴的直线，可得不同电压的铁耗 P_{Fe}。

电机的总损耗为 $\sum P=P_{Fe}+P_{Cu1}+P_{Cu2}+P_{ad}$

额定负载时的效率为 $\eta=\dfrac{P_1-\sum P}{P_1}\times 100\%$

式中　P_1、S 和 I_1 的数值可根据工作特性曲线，当 $P_2=P_N$（即：额定功率）时查得。

5.1.6　实验思考

(1) 由空载实验和短路实验数据求异步电机的等效电路参数时，哪些因素会引起误差？

(2) 从异步电动机的短路实验数据中可以得出哪些结论？

(3) 由直接负载法测得的电机效率和用损耗分析法求得的电机效率分别有哪些因素会引起误差？

5.2　三相异步电动机温升实验

5.2.1　实验目的

三相异步电动机温升实验是为了确定在额定负载条件下运行时，定子绕组的工作温度和电机某些部分温度高于冷却介质温度时的温升。电机温升的高低决定电机绝缘的使用寿命，所以温升实验对电机的工作状态判定具有非常重要的作用。

5.2.2　实验设备

（1）BMEL－Ⅱ型大功率电机系统教学实验台。

（2）异步电动机-直流发电机机组。

（3）交流电压表、交流电流表、功率表、功率因数表。

（4）酒精温度计若干只。

5.2.3　实验项目

利用电阻法和温度计法对三相异步电动机进行温升实验。

5.2.4　实验流程

三相异步电动机的温升实验应在额定频率、额定电压和额定负载的工况下进行。本实验中同时采用电阻法和温度计法对异步电动机进行温升实验，具体实验流程如下。

1. 测量冷却介质的温度

将若干只酒精温度计放置在冷却空气进入异步电动机的通风路径中，同时避免外来热辐射和空气对流对温度计的影响，在实验室的常温环境中放置一段时间，待其读数稳定之后，取这几只温度计读数的平均值 Δt，即可得到异步电动机在当前情况下冷却介质的温度 $\theta_0=\Delta t$。

2. 测量定子绕组的冷态电阻

利用2.2.2节中介绍的冷态直流电阻的测量方法，利用平衡电桥法测量三相异步电动机在实验室常温环境下的冷态电阻值 R_0。

3. 使用电阻法测量异步电动机定子绕组的平均温升

（1）酒精温度计的放置方法。由于异步电动机中存在交变磁场的部分，交变磁场在水银中产生涡流导致其发热，以致影响到测量的准确性，因此不可采用水银温度计测量定子铁芯的温升，应采用酒精温度计，将温度计球面部分与被测量的异步电动机定子铁芯表面紧贴，并用绝热材料覆盖，以免受到周围冷却介质的影响。

（2）测量定子铁芯的温升。进行温升实验过程中，应当保证三相异步电动机的温升实验在额定频率、额定电压和额定负载的工况下进行实验。首先，起动异步电动机，在额定状态下稳定运行一段时间后，开始读取定子铁芯的温度，并监视异步电动机的电流、电压和功率输出是否在额定状态下，每隔10min监视并读取一次铁芯的温度数值，记录在表5.5中，直至连续三组数据之间的温度读数变化不超过1℃时，方可认为铁芯的温升达到稳定状态。

表5.5　定子铁芯的温度和异步电动机工作状态的测量数据记录表　（海拔：______ m）

序号	时间/s	铁芯温度/℃	与上一组数据温差/℃	异步电动机电压/V	异步电动动机电流/A	异步电动动机功率/kW
1						
2						
3						
4						

续表

序号	时间 /s	铁芯温度 /℃	与上一组数据温差 /℃	异步电动机电压 /V	异步电动机电流 /A	异步电动机功率 /kW
5						
6						
7						
8						

（3）热态电阻的测量。当异步电动机铁芯的温升达到稳定状态，即认为定子绕组的温升也达到稳定状态，立即断开调压器电源输出，让异步电动机立即停车，迅速测量定子绕组的热态电阻 r_t，并用秒表计量距离断电瞬间的时间间隔 t，连续测量 6 组不同 t 时间所对应的 r_t，记录在表 5.6 中。注意应当确保尽可能快地测出第一组数据，即 r_{t1}。

表 5.6　　电阻法测量电机温升实验数据记录表　　（海拔______ m）

序　号		1	2	3	4	5	6
电阻值/Ω	r_t						
时间间隔/s	t						

5.2.5　实验分析

1. 计算异步电动机定子绕组的平均温升

根据表 5.6 的数据，利用作图法绘制曲线 $\lg r_t = f(t)$，即热态电阻 r_t 和冷却时间 t 之间的关系曲线，从最初一点延长曲线，即由此曲线外推至 $t=0$ 时的数值 $\lg r_m$，r_m 即为断电瞬间的定子绕组的电阻值。根据电机温升公式，电机温升 Δt 为

$$\Delta t = t_2 - t_0 = \frac{R_2 - R_1}{R_1}(T + t_1) + t_1 - t_0$$

式中　R_1，R_2——实验开始时和实验结束时电动机的电阻；

t_0——环境温度；

t_1，t_2——实验开始时和试验结束时冷却介质的温度数值；

T——与电机绕组材料有关的系数，铝绕组的电机 $T=225$，铜绕组的电机 $T=235$。

最后，按照国家标准应当根据实验地点的海拔对电动机的允许温升进行校正，具体规定如下：

（1）异步电动机的实验地点的海拔介于 1000～4000m 之间时，其允许温升应当按照海拔每超过 100m 增加 0.5℃来进行验核。

（2）异步电动机的实验地点的海拔低于 1000m 时，其允许温升应当按照海拔每低于 100m 减少 0.5℃来进行验核。异步电动机在各海拔高度的允许温升应当参考国家标准 GB 755—2008 中关于允许温升部分的规定来进行验核。

2. 求定子铁芯的温升

根据表 5.5 所记录的数据，选取最后稳定的铁芯温度与当时冷却介质温度之差作为该异步电动机的铁芯温升。

5.2.6　实验思考

（1）分析温升实验中存在哪些误差类型？

（2）如何提高温升实验的准确性，有哪些方法可以改进实验测量精度？

（3）根据国家标准对三相异步电动机的温升情况作出评价，判断其是否符合要求。

5.3 三相异步电动机起动实验

5.3.1 实验目的

掌握异步电动机的起动方法和起动技术指标。

5.3.2 实验设备

（1）BMEL－Ⅱ型大功率电机系统教学实验台。

（2）指针式交流电流表。

（3）电机导轨及测功机、转矩转速测量实验仪。

（4）电机起动箱。

（5）三相鼠笼式异步电动机。

（6）三相交流接触器。

5.3.3 实验项目

（1）异步电动机的直接起动实验。

（2）异步电动机星形/三角形（Y－△）换接起动实验。

（3）自耦变压器降压起动实验。

5.3.4 实验流程

1. 三相鼠笼式异步电动机直接起动

（1）实验接线原理如图5.5所示，三相异步电动机采用△形接法。起动前，把转矩转速测量仪中“转矩设定”电位器旋钮逆时针调到底，“转速控制”“转矩控制”选择开关扳向“转矩控制”，检查三相异步电动机的外部接线和转矩转速测量实验仪的连接是否正确。

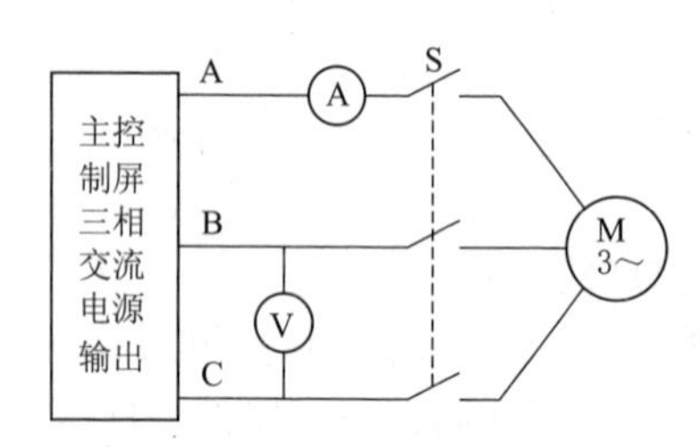

图5.5 三相鼠笼式异步电动机直接起动实验接线图

（2）把调压器的调节旋钮调至0V位置，按下实验台上的绿色“闭合”按钮，合上三相交流接触器S。调节调压器，使输出电压达电机额定电压380V，使异步电动机以直接起动方式进行起动。异步电动机起动后，注意观察异步电动机的额定转速和旋转方向是否符合要求。

（3）断开三相交流接触器，待电动机完全停车后，直接闭合三相交流接触器，使电动机以全压方式起动，观察电动机起动瞬间电流值。注意观察按指针式电流表偏转的最大位置所对应的读数值（电流表受起动电流冲击所显示的最大值虽不能完全代表起动电流的读数，但可和下面几种起动方式的起动电流大小作定性的比较）。

（4）断开三相交流接触器，将调压器旋钮调到0V位置。将制动螺栓插入测功机堵特孔中，将测功机的转子堵住使其无法旋转。

（5）按下实验台上的绿色“闭合”按钮，合上三相交流接触器，逐渐增加调压器输出电压，观察电流表的数值，使异步电动机的短路电流 I_K 达到2～3倍 I_N（额定电流），读

取电压值 U_K、电流值 I_K 和转矩值 T_K，填入表 5.7 中，注意实验通电时间不应超过 10s，以免绕组过热。

表 5.7　　　　鼠笼式异步电机直接起动参数记录表

测　量　值			计　算　值	
U_K/V	I_K/A	T_K/(N·m)	T_{ST}/(N·m)	I_{ST}/A

对应于额定电压的起动转矩 T_{ST} 和起动电流 I_{ST} 分别按照下列公式进行计算：

$$T_{ST}=\left(\frac{I_{ST}}{I_K}\right)^2 T_K$$

式中　I_k——起动实验时的电流值，A；

T_K——起动实验时的转矩值，N·m。

$$I_{ST}=\left(\frac{U_N}{U_K}\right) I_K$$

式中　U_K——起动实验时的电压值，V；

U_N——异步电动机额定电压值，V。

2. 三相鼠笼式异步电动机星形/三角形（Y-△）起动

（1）按图 5.6 接线。S 表示星形/三角形（Y-△）专用转换开关。

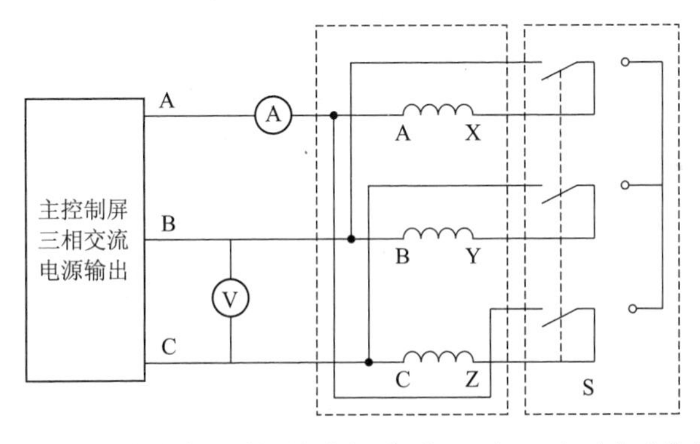

图 5.6　三相鼠笼式异步电动机星形/三角形（Y/△）起动实验接线原理图

（2）起动前，把调压器旋钮调至 0V 位置，三刀双掷开关合向右边（Y 形接法）。按下实验台上的绿色“闭合”按钮，逐渐增加调压器输出，使输出电压达到三相异步电动机的额定电压 U_N=220V，直接按下实验台上的红色“断开”按钮，使得三相异步电动机停车。

（3）待异步电动机完全停车后，再次按下实验台上的绿色“闭合”按钮，观察起动瞬间的电流，然后迅速把转换开关 S 拨向左边（△形接法），使异步电动机进入正常运行状态，整个起动过程结束。观察并记录起动瞬间电流表的显示值，并与其他起动方法作定性比较。

3. 三相鼠笼式异步电动机自耦变压器降压起动

（1）按图 5.6 进行实验接线，异步电动机采用△形接法。把调压器旋钮调至 0V 位置。

（2）按下实验台上的绿色“闭合”按钮，调节调压器旋钮，使输出电压达到 110V，直接按下实验台上的红色“断开”按钮，使得异步电动机停车。

（3）待异步电动机完全停车后，再次按下实验台上的绿色“闭合”按钮，使异步电动机根据当前自耦调压器的输出电压值进行降压起动，观察并记录上述过程中电流表读数的最大值。待异步电动机稳定运行一段时间后，再调节调压器使异步电动机输出电压达到额定电压 U_N（220V），整个降压起动过程结束。

5.3.5　实验分析

（1）比较异步电动机不同起动方法的优缺点。

（2）由表 5.7 中所记录的直接起动实验数据求起动电流 I_{ST} 和起动转矩 T_{ST}。

5.3.6　实验思考

（1）说明异步电动机本身固有的起动性能及其原因。

（2）对比异步电动机不同起动方法的优缺点。

（3）起动电流和外施电压成正比，起动转矩和外施电压的平方成正比在什么情况下才能成立？

（4）起动时的实际情况和上述假定是否相符，不相符的主要因素是什么？

第6章　三相同步发电机实验

6.1　三相同步发电机特性实验

6.1.1　实验目的

（1）计算同步发电机在对称运行时的稳态参数。

（2）测定同步发电机在对称负载下的运行特性。

6.1.2　实验设备

（1）BMEL－Ⅱ型大功率电机系统教学实验台。

（2）交流电压表、交流电流表、功率表、功率因数表。

（3）三相可调电阻器。

（4）直流电动机-三相同步电机机组。

（5）直流励磁电源。

（6）直流电枢电源。

6.1.3　实验项目

（1）空载特性。同步发电机在额定转速 $n=n_N=1500\text{r/min}$ 下、同步发电机定子电流在 $I=0$ 的条件下，测取空载特性曲线 $U_0=f(I_f)$。

（2）短路特性。同步发电机在额定转速 $n=n_N=1500\text{r/min}$ 下、同步发电机输出电压在 $U=0$ 的条件下，测取短路特性曲线 $I_K=f(I_f)$。

（3）纯电阻负载外特性。同步发电机在额定转速 $n=n_N=1500\text{r/min}$ 下、保持同步发电机励磁电流 I_f 为固定值，$\cos\varphi=1$ 的条件下，测取同步发电机的外特性曲线 $U=f(I)$。

（4）纯电阻负载调节特性。同步发电机在额定转速 $n=n_N=1500\text{r/min}$ 下、保持同步发电机输出额定电压 $U=U_N$ 和 $\cos\varphi=1$ 的条件下，测取同步发电机的调节特性曲线 $I_f=f(I)$。

6.1.4　实验流程

1. 空载特性试验

三相同步发电机输出额定电压为 $U_N=380\text{V}$，额定转速为同步转速 $n=n_N=1500\text{r/min}$，按照如图6.1所示的方法进行接线，利用直流电动机M作为原动机拖动三相同步发电机G旋转。具体实验步骤如下：

（1）在合上实验台总电源开关之前，应检查所有的励磁电源和电枢电源的调节旋钮均在0A位置处，且同步发电机处于空载的状态。

（2）按下实验台上的绿色“闭合”按钮，先将直流电动机的励磁电流调至0.505A，再调节直流电动机的电枢电源，观察直流电动机正常转动，使其转速达到1500r/min并维

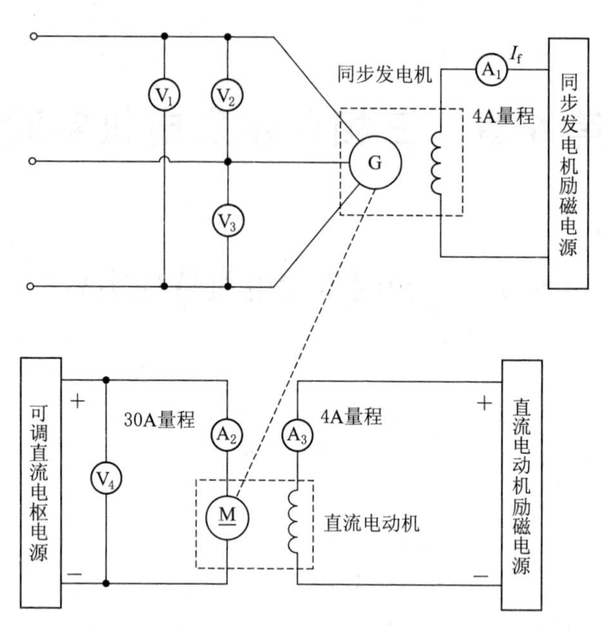

图 6.1　同步发电机空载特性实验接线原理图

持恒定。

(3) 当缓慢增加同步发电机的励磁电流 I_f 时，整台机组将会出现转速略微下降的现象，此时需通过再增加直流电动机的电枢电流让机组的转速重新回到 1500r/min。经过以上反复调节过程后，最终使机组转速保持在同步转速 1500r/min 的平衡状态，并使得同步发电机的输出线电压 U_o 达到 1.1 倍的额定电压 U_N（约为 418V）。将此时同步发电机的励磁电流 I_f 的值，空载输出电压 U_{AB}、U_{BC} 和 U_{CA} 的值作为第一组数据记录下来，填入表 6.1 中。

表 6.1　　**同步发电机空载特性实验数据记录表**　　（环境温度：______℃）

序　号	1	2	3	4	5	6	7	8
U_{AB}/V								
U_{BC}/V								
U_{CA}/V								
计算值 U_o/V								
I_f/A								

注　$U_o=\dfrac{U_{AB}+U_{BC}+U_{CA}}{3}$。

(4) 随后采用单方向调节的方法，逐渐减小同步发电机的励磁电流 I_f，直至 0A 时为止，在这一过程中，依次读取励磁电流 I_f 和相应的空载输出电压 U_{AB}、U_{BC} 和 U_{CA} 的值，填入表 6.1 中。注意：在额定电压 U_N 附近应当多测几点，并且 I_f 只能按照单方向减小的方式进行实验。

(5) 停车时，先逐步减小直流电动机的电枢电流至 0A，待机组完全停车，并且电流表和电压表的数值均降为 0 之后，再将直流电动机和同步发电机的励磁电流都调到 0A。注意停车的操作顺序一定不能错。

2. 短路特性试验

在空载特性实验接线原理图的基础之上，将同步发电机的三相输出端通过三只交流电流表 A_1，A_2 和 A_3 直接进行短路，短路特性实验的接线原理如图 6.2 所示。

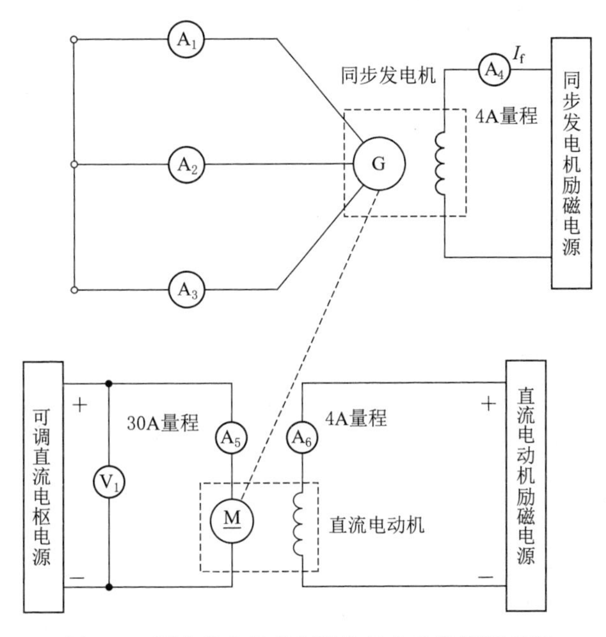

图 6.2　同步发电机的短路特性实验接线原理图

具体实验步骤如下：

（1）在合上实验台总电源开关之前，应检查所有的励磁电源和电枢电源的调节旋钮均在 0A 位置处，且同步发电机处于空载的状态。

（2）按下实验台上的绿色"闭合"按钮，先将直流电动机的励磁电流调至 0.505A，再调节直流电动机的电枢电源，观察直流电动机正常转动，使其转速达到 1500r/min 并维持恒定。

（3）逐渐缓慢增加同步发电机的励磁电流 I_f，一定要缓慢地进行调节，不能过快，否则短路电流将会非常大，发生危险，整台机组将会出现转速下降的现象，此时通过再增加直流电动机的电枢电流让其转速重新回到 1500r/min 的平衡状态。最终使同步发电机的短路电流 I_K 达到 1.1 倍的额定值 I_N（约为 4.35A），将此时同步发电机的励磁电流 I_f 和相应的短路电流 I_A、I_B 和 I_C 的值作为第一组实验数据记录在表 6.2 中。

表 6.2　　同步发电机短路特性实验数据记录表　　（环境温度：______℃）

序　号	1	2	3	4	5	6	7	8
I_A/A								
I_B/A								
I_C/A								
计算值 I_K/A								
I_f/A								

注　$I_K=\dfrac{I_A+I_B+I_C}{3}$。

(4) 逐渐减小同步发电机的励磁电流 I_f 使短路电流 I_K 逐渐减小，直至将励磁电流 I_f 调为0A，在此过程中，依次读取励磁电流 I_f 和对应的定子电流 I_{K2} 值，共读取8组数据记录在表6.2中。

(5) 停车时，先逐步减小直流电动机的电枢电流至0A，待机组完全停车后，并且电流表和电压表的数值均降为0之后，再将直流电动机和同步发电机的励磁电流都调到0A。注意停车的操作顺序一定不能错。

3. 测同步发电机在纯电阻负载时的外特性

在同步发电机出线端接入三相可调电阻器，采用Y形接法，纯电阻负载情况下的外特性实验接线原理如图6.3所示。

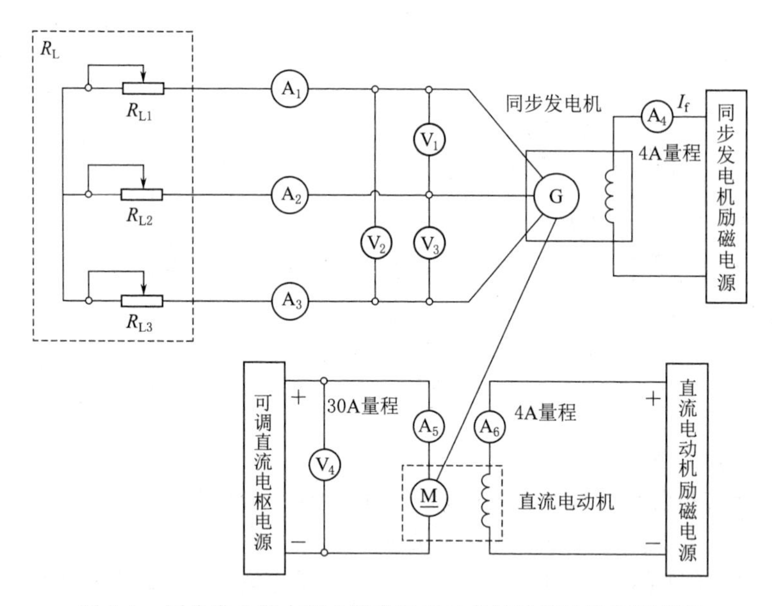

图6.3 同步发电机在纯电阻负载时的外特性实验接线原理图

具体实验步骤如下：

(1) 在合上实验台的总电源开关之前，应检查所有的励磁电源和电枢电源的调节旋钮均在0A位置处，且同步发电机处于空载的状态，两段三相可调电阻的调节旋钮位于电阻最大位置。

(2) 按下实验台上的绿色“闭合”按钮，先将直流电动机的励磁电流调至0.505A，再调节直流电动机的电枢电源，观察直流电动机正常转动，并使其转速达到1500r/min并维持恒定。

(3) 缓慢增加同步发电机的励磁电流 I_f，同时观察同步发电机的转速，当缓慢增加同步发电机的励磁电流 I_f 时，整台机组将会出现转速明显下降的现象。此时需通过再增加直流电动机的电枢电流让其转速重新回到1500r/min。经过以上过程反复调节后，最终使得机组转速保持在同步转速1500r/min的平衡状态。并使同步发电机的输出线电压 U_o 达到额定电压 U_N。将此时同步发电机的励磁电流 I_f 和输出电压 U_{AB}、U_{BC} 和 U_{CA} 的值作为第一组数据填入表6.3中。

表 6.3　　同步发电机接纯电阻负载外特性实验数据记录表

（环境温度：______℃，I_f=______A）

序　号	1	2	3	4	5	6	7	8
U_{AB}/V								
U_{BC}/V								
U_{CA}/V								
计算值 U_o/V								
I_A/A								
I_B/A								
I_C/A								
计算值 I_R/A								

注　$U_o=\frac{U_{AB}+U_{BC}+U_{CA}}{3}$，$I_R=\frac{I_A+I_B+I_C}{3}$。

（4）保持同步发电机励磁电流 I_f 不变，逐渐减小三相可调电阻器 R_L 的阻值，在减小电阻的过程中，由于同步发电机输出负荷功率的增加，整台机组将会出现转速明显下降的现象，此时需通过再增加直流电动机的电枢电流，经过反复细致调节后，使得机组转速重新达到 1500r/min 的平衡状态后，测量同步发电机的输出电压 U_{AB}、U_{BC}、U_{CA} 和负载电流 I_A、I_B、I_C 的值。需要注意的是，随着负载电流的增大，将会发生三相可调电阻器第一段电阻短接的现象，严禁在此时强行复位电阻。最后一共测量 8 组数据。直至负载电流增大 I_R 到额定电流 I_N（3.96A）时，结束实验，并将数据记录于表 6.3 中。

（5）停车时，先逐渐减小直流电动机的电枢电流至 0A，待机组完全停车，并且电流表和电压表数值均降为 0 之后，再将直流电动机和同步发电机的励磁电流都调到 0A。注意停车的操作顺序一定不能错。

4. 测同步发电机在纯电阻负载时的调节特性

调节特性实验的接线原理图和外特性相同。具体实验步骤如下：

（1）在合上实验台的总电源开关之前，应检查所有的励磁电源和电枢电源的调节旋钮均在 0A 位置处，且同步发电机处于空载状态，两段三相可调电阻的调节旋钮均处于电阻最大位置。

（2）按下实验台上的绿色“闭合”按钮，先将直流电动机的励磁电流调至 0.505A，再调节直流电动机的电枢电源，观察直流电动机正常转动，并使其转速达到 1500r/min 并维持恒定。

（3）缓慢增加同步发电机的励磁电流 I_f，同时观察同步发电机的转速，当缓慢增加同步发电机的励磁电流 I_f 时，整台机组将会出现转速明显下降的现象。此时需通过再增加直流电动机的电枢电流让其转速重新回到 1500r/min，经过以上过程反复调节后，最终使得机组转速保持在同步转速 1500r/min 平衡状态，并使得同步发电机的输出线电压 U_o 增大到额定电压 U_N。将此时同步发电机的励磁电流 I_f 和相应的输出线电压 U_{AB}、U_{BC} 和 U_{CA} 的值作为第一组数据填入表 6.4 中。

（4）为了保持同步发电机的输出电压 U_N 不变，逐渐地减小三相可调电阻器 R_L 的阻值，在减小电阻的过程中，整台机组将会出现转速明显下降的现象，此时需先通过增加直流电动机的电枢电流使得机组的转速接近 1500r/min 左右，随后再调节同步发电机励磁电流使得同步发电机的输出电压接近 U_N，通过这两种手段，经过反复细致调节后，最终使得机组重新达到同步转速1500r/min，同步发电机的输出电压达到U_N的平衡状态后，测量同步发电机的励磁电流I_f和负载电流I_A、I_B和I_C的值，需要注意的是，随着负载电流的增大，将会发生三相可调电阻器第一段电阻短接的现象，严禁在此时强行复位电阻。在调节同步发电机的励磁电流I_f的过程中，不能超过其额定值I_{fN}（2.4A）。最后一共测量8组数据。直至负载电流I_R增大到额定电流I_N（3.96A）时结束实验，并将实验数据记录于表6.4中。

表6.4　同步发电机纯电阻负载调节特性实验数据记录表

（环境温度：______℃，$U=U_N=$______ V）

序　号	1	2	3	4	5	6	7	8
I_A/A								
I_B/A								
I_C/A								
计算值I_R/A								
I_f/A								

注　$I_R=\frac{I_A+I_B+I_C}{3}$。

（5）停车时，先逐渐减小直流电动机的电枢电流至0A，待机组完全停车、并且电流表和电压表的数值均降为0之后，最后再将直流电动机和同步发电机的励磁电流都调到0A。注意停车的操作顺序一定不能错。

6.1.5　实验分析

（1）根据实验数据绘制同步发电机的空载特性曲线$U_0=f(I_f)$。

（2）根据实验数据绘制同步发电机的短路特性曲线$I_k=f(I_f)$。

（3）根据实验数据绘制同步发电机在接纯电阻负载（$\cos\varphi=1$）情况下的外特性曲线$U=f(I)$。

（4）根据实验数据绘制同步发电机在接纯电阻负载（$\cos\varphi=1$）情况下的调整特性$I_f=f(I)$。

（5）利用空载特性和短路特性确定同步电机的直轴同步电抗X_d（不饱和值）和短路比。

（6）由外特性试验数据求取电压调整率$\Delta U\%$。

6.1.6　实验思考

（1）同步发电机在接三相对称负载下运行时有哪些基本特性？

（2）同步发电机的空载特性曲线是什么形状的，为什么？

（3）同步发电机的短路特性曲线是什么形状的，为什么？

（4）为什么空载特性和短路特性确定同步电机的直轴同步电抗X_d是不饱和值？

（5）同步发电机的外特性和变压器的外特性有什么不同，为什么？

6.2　三相同步发电机并网及有功、无功功率调节实验

6.2.1　实验目的

（1）掌握三相同步发电机并网运行的条件与操作方法。

（2）掌握三相同步发电机并网运行的有功功率的调节方法。

（3）掌握三相同步发电机并网运行的无功功率的调节方法。

6.2.2　实验设备

（1）BMEL－Ⅱ系列电机系统教学实验台。

(2) 交流电压表、交流电流表、功率表、功率因数表。

(3) 三相可调电阻器。

(4) 直流电动机-三相同步电机机组。

(5) 并网开关。

(6) 并网旋转指示灯。

6.2.3　实验项目

(1) 用准同步法实现三相同步发电机并网。

(2) 三相同步发电机并网运行时有功功率调节。

(3) 三相同步发电机并网运行时，在 P_2 为轻负荷状态下的无功功率调节并测取 V 形曲线。

(4) 三相同步发电机并网运行时，在 P_2 为重负荷状态下的无功功率调节并测取 V 形曲线。

(5) 观察同步电机工作运行状态的变化。

6.2.4　实验流程

1. 利用准同步法实现三相同步发电机并网

三相同步发电机理想并网条件有四个：①发电机输出电压与电网电压相序必须严格一致；②发电机输出电压与电网电压大小相同；③发电机输出电压与电网电压频率接近，以便找到同相位；④发电机输出电压与电网电压相位一致，便于并网时自整步作用带入同频同相。在实验台中采用灯光旋转明暗法来判断频率差、相位差和电压差是否满足并网的条件，并使用并网开关来进行同步发电机的并网操作，实验接线原理如图 6.4 所示。

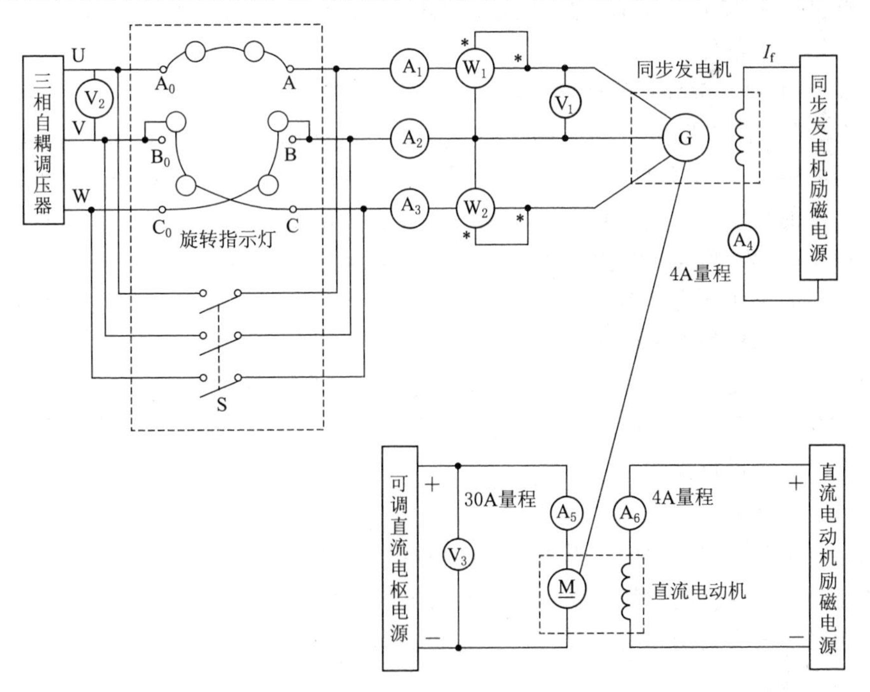

图 6.4　同步发电机并网实验接线原理图

实验接线原理图共有五个回路组成：①发电机侧交流输出回路；②电网侧交流输入回路；③发电机励磁回路；④直流电动机励磁回路；⑤直流电动机电枢回路。

具体实验操作步骤如下：

(1) 按照图 6.4 所示的原理图进行接线，并网开关两侧的接线需要特别注意，同步发电机侧 A、B、C 三相的相序必须与电网侧的 A、B、C 三相的相序完全一致，满足并网的第 1 个条件。

(2) 在合上实验台的总电源开关之前，应检查同步发电机和直流电动机的励磁电源，直流电动机电枢电源的调节旋钮是否在 0A 位置上，并且同步发电机处于空载状态。

(3) 按下实验台上的绿色“闭合”开关，先将直流电动机的励磁电流调至 0.505A 后，再调节直流电动机的电枢电源，使原动机（即直流电动机）正常启动，并使其转速达到同步转速 n_N（1500r/min）并维持恒定。

(4) 在缓慢增加同步发电机励磁电流 I_f 过程中，注意观察同步发电机的转速，当整台机组出现转速下降的现象时，需再增加直流电动机的电枢电流，让机组的转速重新回到同步转速 n_N（1500r/min），经过以上反复调节过程后，最终使得同步发电机的输出电压达到额定电压 U_N（380V），并使得机组的转速保持在同步转速 n_N（1500r/min）的平衡状态。

(5) 缓慢旋转三相自耦调压器的调节旋钮，使调压器的输出电压达到 380V 左右。注意观察调压器侧（电网侧）和同步发电机侧分别所接的两块电压表 V_1 和 V_2 的读数是否基本相同，满足并网的第 2 个条件。

(6) 观察 A、B、C 三组相灯，三相的灯光应当缓慢地轮流旋转发亮并熄灭，形成旋转灯光的现象，当旋转灯光亮暗不明显时，可以细微地调节直流电动机的电枢电流，使得机组转速略微高于 1500r/min，保证同步发电机的输出电压与电网电压的频率 50Hz 接近，满足并网的第 3 个条件。

(7) 观察 A 相（黄灯）的两盏灯，在 A 相灯最暗时（满足并网的第 4 个条件），合上并网开关 S，实现同步发电机的并网运行。注意：并网第 1 个条件必须严格满足才能并网，当并网的第 2～4 个条件满足时，并网合闸的瞬间对同步发电机的冲击最小。

(8) 停车的顺序。首先旋转电枢电源的调节旋钮，逐渐减小直流电动机的电枢电流，使得两块功率表 W_1 和 W_2 的代数和为 0 或刚好变为负值（此时同步发电机恰好处于不向电网发出功率的工作状态）时，直接断开并网开关 S，将同步发电机与电网安全地解列，此时再将直流电动机的电枢电源旋钮快速地调到 0A 位置，让整个机组完全停车后，再将直流电动机和同步发电机的励磁电源的旋钮调至 0A 位置，最后将三相自耦调压器的旋钮调至 0V 位置，最后按下实验台上的红色“断开”按钮，结束实验。在实验过程中必须严格按照以上流程来进行操作。

2. 三相同步发电机并网运行时有功功率的调节

有功功率调节实验是当同步发电机并网运行后，保持同步发电机的励磁电流 I_f 不变，通过调节原动机（直流电动机）输出给同步发电机的拖动转矩 M_1，来观察电网和同步发电机向电网发出的有功功率的变化趋势。有功功率调节实验的接线原理与图 6.4 相同，具体实验操作步骤如下：

(1) 按照并网实验的操作步骤启动整个机组，用准同步法将三相同步发电机与电网进行并网运行，同时观察两块功率表的读数 P_{I} 和 P_{II}，调节原动机（直流电动机）的电枢电流 I_1，使两块功率表的读数 P_{I} 和 P_{II} 的代数和（同步发电机的输出功率 P_2）接近于 0。此时原动机（直流电动机）输出的拖动转矩 M_1 仅用于克服空载阻转矩 M_0，使同步电机运行在既不向电网输送功率（发电机状态）也不从电网吸收功率（电动机状态）的工作状态。

（2）调节同步电机的励磁电流 I_f，增加至原来的 1.1 倍左右，使得同步发电机工作在过励的状态，并保持 I_f 不变，将此时的 I_f 数值记录在表 6.5 中。

表 6.5　　**同步发电机有功调节实验数据记录表**　　（I_f=______A）

序号	实验测量值					计算值		
	输出电流 I/A			同步发电机的输出功率 P_2/kW				
	I_A	I_B	I_C	P_{I}	P_{II}	I_2	P_2	$\cos\varphi$
1								
2								
3								
4								
5								
6								
7								
8								

注　$I_2=\dfrac{I_A+I_B+I_C}{3}$，$P_2=P_{\mathrm{I}}+P_{\mathrm{II}}$，$\cos\varphi=\dfrac{P_2}{\sqrt{3}UI}$。

（3）逐渐增加原动机（直流电动机）的电枢电流 I_1，即增大原动机输出的拖动转矩 M_1，使得同步电机向电网输送功率，观察并记录两块功率表的读数 P_{I} 和 P_{II} 的代数和（同步发电机的输出功率 P_2）和定子绕组的三相电流 I_A、I_B 和 I_C 的变化情况，在调节过程中需要注意同步发电机定子绕组的三相电流 I_A、I_B 和 I_C 每相数值均不能超过同步发电机定子电流的额定值 I_N（3.96A），一共记录 8 组数据于表 6.5 中。

（4）停车的顺序。直接旋转电枢电源的旋钮，逐渐减小直流电动机的电枢电流，使得两块功率表读数 P_{I} 和 P_{II} 的代数和为 0 或刚好为负值（此时同步发电机恰好处于不向电网输出功率的工作状态），随后断开并网开关 S，将同步发电机与电网安全地解列，此时再将直流电动机电枢电源的旋钮迅速地调到 0A，待整个机组完全停车后，再将直流电动机和同步发电机励磁电源的电流调至 0A，将三相自耦调压器旋钮调至 0V 位，最后按下实验台上的红色“断开”按钮，结束实验。在实验过程中须注意直流电动机起动和停车的顺序一定不能搞错，必须严格按照流程来进行操作。

3. 三相同步发电机并网运行时无功功率的调节

无功功率调节实验是当同步发电机并网运行后，在向电网输出一定的有功功率 P_2 的条件下，通过调节同步发电机的励磁电流 I_f，来观察同步发电机向电网输出无功功率的变化情况。无功功率调节实验的接线原理与图 6.4 相同，具体实验操作步骤如下：

（1）按照并网实验的步骤起动整个机组，使用准同步法实现三相同步发电机的并网运行，观察两块功率表的读数 P_{I} 和 P_{II}，调节原动机（直流电动机）的电枢电流 I_1，使两块功率表的读数 P_{I} 和 P_{II} 的代数和（同步发电机的输出功率 P_2）达到一个较小的功率值（例如：500W 左右），并保持不变，此时同步电机工作在发电机的状态。原动机（直流电动机）输出的转矩 M_1 一部分用于克服空载阻转矩 M_0，一部分转矩 M_2 用于拖动同步发电机旋转发出电能，并向电网输送功率。

（2）缓慢地来回调节同步发电机的励磁电流 I_f，同时观察同步发电机定子绕组的三相电流 I_A、I_B 和 I_C，使同步发电机定子绕组三相电流 I_A、I_B 和 I_C 中的任意一相数值达到最低点（即正常励磁状态点），将此点时同步发电机的励磁电流 I_f 和定子绕组的三相电流 I_A、I_B 和 I_C 的数值记录在表 6.6 中。

表 6.6　　轻载状态下同步发电机无功调节实验数据记录表　　（$P_2 \approx \underline{0.5}$kW）

序号	三相电流 I/A				励磁电流	同步电机的工作状态
	I_A	I_B	I_C	计算值 I_2	I_f/A	（过励/正常/欠励）
1						
2						
3						
4						
5						
6						
7						
8						

注　$I_2=\dfrac{I_A+I_B+I_C}{3}$。

（3）随后逐渐减小同步电机的励磁电流 I_f，使得同步发电机定子绕组的三相电流 I_A、I_B 和 I_C 越过最低点进入欠励运行状态，观察到此时随着励磁电流 I_f 的减小，同步发电机定子绕组的三相电流 I_A、I_B 和 I_C 的数值将逐渐增加，在此过程中，记录下 2～3 组同步发电机励磁电流 I_f 和同步发电机定子绕组的三相电流 I_A、I_B 和 I_C 的数值于表 6.6 中。注意：I_f 不能调节的过小，否则同步电机将不能稳定地运行。

（4）接下来从欠励状态起，再逐渐增加同步电机励磁电流 I_f，使得同步发电机定子绕组的三相电源 I_A、I_B 和 I_C 的数值越过最低点进入过励运行状态，此时同步发电机定子绕组的三相电流 I_A、I_B 和 I_C 的数值又将逐渐增加，在此过程中，记录下 4～5 组同步发电机励磁电流 I_f 和定子绕组的三相电流 I_A、I_B 和 I_C 的数值于表 6.6 中。注意：在以上调节过程中，I_f、I_A、I_B 和 I_C 的数值均不能超过其额定值。

（5）返回步骤（1）（即：使同步发电机工作在正常励磁状态点），重新调节原动机（直流电动机）的电枢电流 I_1，使两块功率表的读数 P_{I} 和 P_{II} 的代数和（同步发电机的输出功率 P_2）达到一个较大的功率值（例如：1500W 左右），并保持不变，重复实验步骤（2）～（4），在三相同步发电机从欠励到过励的工作状态过程中，一共测取 8 组 I_f、I_A、I_B 和 I_C 的数值，记录在表 6.7 中。

表 6.7　　重载状态下同步发电机无功调节实验数据记录表　　（$P_2 \approx \underline{1.5}$kW）

序号	三相电流 I/A				励磁电流	同步电机的工作状态
	I_A	I_B	I_C	计算值 I_2	I_f/A	（过励/正常/欠励）
1						
2						
3						
4						
5						
6						
7						
8						

注　$I_2=\dfrac{I_A+I_B+I_C}{3}$。

(6) 停车的顺序。首先调节同步发电机的励磁电流 I_f，使其工作在正常的励磁点，随后旋转电枢电源的旋钮逐渐减小直流电动机的电枢电流，使得两块功率表读数 P_{I} 和 P_{II} 的代数和为 0 或者刚好为负值（此时同步发电机恰好处于不向电网输出功率的工作状态），随后断开并网开关 S，将同步发电机与电网安全地解列，此时再将电枢电源的旋钮迅速地调到 0A，让整个机组完全停车后，再将直流电动机和同步发电机励磁电源的电流调至 0A，再将三相自耦调压器的旋钮调至 0V，最后按下实验台上的红色“断开”按钮，结束实验。在实验过程中须注意直流电动机起动和停机的顺序一定不能搞错，必须严格按照流程来操作。

4. 观察同步电机工作运行状态的变化

(1) 按照并网实验中的操作步骤起动整个机组。使用准同步法将三相同步发电机并网运行，观察两块功率表的读数 P_{I} 和 P_{II}，调节原动机（直流电动机）的电枢电流 I_1，使两块功率表的读数 P_{I} 和 P_{II} 的代数和（同步发电机的输出功率 P_2）接近于 0。此时原动机（直流电动机）输出的拖动转矩 M_1 仅用于克服空载阻转矩 M_0，同步发电机工作于既不向电网输送功率（发电机）也不从电网吸收功率（电动机）的状态。

(2) 在并网运行状态下，将直流电动机的电枢电源旋钮缓慢地调到 0A，观察在原动机（直流电动机）输出转矩 M_1 为 0 的情况下，整个机组的运行，并分析此时同步发电机和直流电动机各自所处的运行状态，观察两块功率表代数和的变化情况。

(3) 断开并网开关 S，将同步电机与电网安全地解列，观察整个机组是否会停车，并分析产生这个现象的原因。

(4) 最后，待整个机组完全停车后，将直流电动机和同步发电机的励磁电流均调为 0A，结束实验。

6.2.5　实验分析

(1) 根据并网实验的操作过程，简要说明准确同步法和明暗法的优点和缺点。

(2) 根据实验操作过程，简要说明同步发电机与电网并联运行时无功功率调节的方法。

(3) 根据所记录的实验数据，绘制 P_2 在轻载情况下时，同步发电机输出电流 I 与励磁电流 I_f 的 V 形曲线 $I=f(I_f)$，并加以说明。

(4) 根据所记录的实验数据，绘制 P_2 在重载情况下时，同步发电机输出电流 I 与励磁电流 I_f 的 V 形曲线 $I=f(I_f)$，并加以说明。

6.2.6　实验思考

(1) 如何根据灯光旋转法中灯光旋转的方向判断同步发电机的频率高于或低于电网频率?

(2) 同步发电机并网处于过励运行状态，欲增加无功功率输出，并保持有功功率输出不变，试分析在这一过程中功率因数、功角、输出电流如何变化。

(3) 分析并网实验中增加同步发电机的励磁电流 I_f 后出现转速跌落的原因。

(4) 三相同步发电机投入电网并联运行有哪些条件? 不满足这些条件并网将产生什么后果?

(5) 并网后将原动机（直流电动机）电枢电源的输入调节至 0A 时，同步发电机仍然可以继续转动，那么能否在原动机尚未转动时将发电机直接并入电网，将会发生什么后果?

第7章　直流电机实验

7.1　直流发电机特性实验

7.1.1　实验目的

（1）掌握用实验方法测定直流发电机的各项运行特性。

（2）根据所测得的运行特性评估被测直流发电机的相关性能。

7.1.2　实验设备

（1）BMEL－Ⅱ型大功率电机系统教学实验台。

（2）直流励磁电源和直流电枢电源。

（3）三相可调电阻。

（4）直流电动机-直流发电机机组。

（5）直流电压表和直流电流表。

7.1.3　实验项目

（1）空载特性。保持直流发电机的转速 $n=n_N=1500r/min$，使直流发电机的电枢回路开路，测取输出电枢电压和励磁电流之间的关系 $U_o=f(I_{f2})$。

（2）外特性。保持直流发电机的转速 $n=n_N=1500r/min$，使直流发电机的励磁电流 I_{f2} 保持不变，测取输出电枢电压和电枢电流之间的关系 $U=f(I)$。

（3）调节特性。保持直流发电机的转速 $n=n_N=1500r/min$，使直流发电机的电枢电压保持不变 $U=U_N$，测取励磁电流和输出电枢电流之间的关系 $I_{f2}=f(I)$。

7.1.4　实验流程

1．直流发电机的空载特性

直流发电机空载特性实验由一台直流电动机 M 作为原动机，拖动直流发电机 G 运行，直流发电机和直流电动机均采用他励方式，使直流发电机的电枢回路为开路。注意直流发电机和直流电动机的励磁和电枢绕组的正、负极不能接错。实验接线原理图如图 7.1 所示。

（1）在合上实验台的总电源开关之前，检查实验台上所有的可调直流励磁电源和电枢电源的调节旋钮均处于 0A 的位置上。

（2）按下实验台上的绿色“闭合”按钮，缓慢地调节直流电动机的励磁电流至 0.61A 左右。再缓慢加载直流电动机的电枢电源，使直流电动机旋转起来，直到整个机组的转速达到额定转速 n_N（1500r/min 左右），并保持恒定。

（3）旋转直流发电机励磁电源的旋钮，缓慢地给直流发电机增加励磁电流 I_{f2}，在以上调节过程中整台机组将会出现转速略微下降的现象，此时需要通过增加直流电动机的电枢电流，使机组的转速重新回到 1500r/min。经过以上反复不断的调节的过程后，最终使

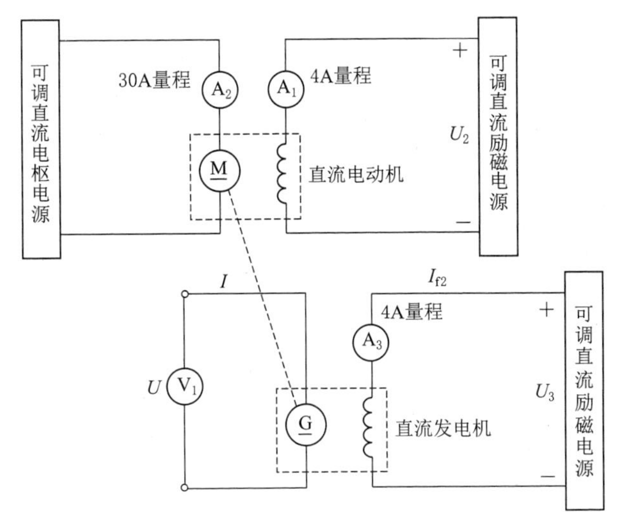

图 7.1　直流发电机空载特性实验接线原理图

得机组的转速保持在 1500r/min 的平衡状态，直流发电机的空载输出电压 U_0 达到 1.1 倍的额定电压 U_N（约为 250V）时为止，将此时直流发电机的电枢电压 U_0 和励磁电流 I_f 作为第一组数据，记录在表 7.1 中。

(4) 保持机组在额定转速 n_N（1500r/min）的条件下，从 $U_0=1.1U_N$ 这点开始，单方向地逐渐减小直流发电机的励磁电流 I_{f2}，直到将直流发电机的励磁电流 I_{f2} 调到 0A；在此过程中依次测取直流发电机电枢的空载电压 U_0 和励磁电流 I_{f2}，一共测取 8 组数据，填入表 7.1 中。注意：$U_0=U_N$ 和 $I_{f2}=0$ 两点必测，并且在额定电压 U_N 附近应当多测量几点。

表 7.1　　**直流发电机空载特性实验数据记录表**　　（环境温度：______℃）

被测量	1	2	3	4	5	6	7	8
U_0/V								
I_{f2}/A								

(5) 最后，先逐渐减小直流电动机的电枢电流至 0A，待整个机组完全停车后，并观察直流电压表和直流电流表的示数均降为 0 后，再将直流发电机和直流电动机的励磁电流都调到 0，结束实验。注意停车的顺序一定不能错。

2. 直流发电机的外特性

直流发电机的外特性实验是在空载特性实验的基础之上，在直流发电机的电枢回路上串联一个纯电阻负载，在实验中实际是使用三相变阻器中的两相电阻进行并联，实验接线原理如图 7.2 所示。

(1) 在合上实验台的总电源开关之前，检查实验台上所有的可调直流励磁电源和电枢电源的调节旋钮均处于 0A 的位置上，三相可调电阻的调节旋钮位于电阻最大位置。

(2) 按下实验台上的绿色“闭合”按钮，缓慢地调节直流电动机的励磁电流至 0.61A 左右。随后再缓慢地增加直流电动机的电枢电流，使直流电动机旋转起来，直到整个机组的转速达到额定转速 n_N（1500r/min 左右），并保持恒定。

(3) 旋转直流发电机励磁电源的旋钮，缓慢地给直流发电机增加励磁电流 I_{f2}，在以

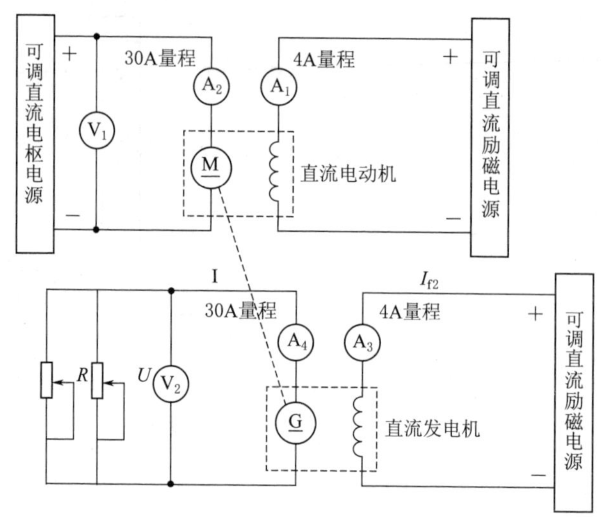

图 7.2　直流发电机外特性的实验接线原理图

上的调节过程中，整台机组将会出现转速下降的现象，此时需要通过增加直流电动机的电枢电流，使机组的转速重新回到 1500r/min。经过以上反复不断调节的过程后，最终使得机组转速保持在 1500r/min 的平衡状态，直流发电机的电枢电压达到额定值 U_N 时为止。将此时的电枢电压 U 和电枢电流 I 作为第一组数据，记录在表 7.2 中。

表 7.2　　直流发电机外特性实验数据记录表

（环境温度：______℃，励磁电流 I_{f2} =______ A）

被测量	1	2	3	4	5	6	7	8
U/V								
I/A								

（4）逐渐减小串联在直流发电机电枢回路上的负载电阻，使得直流发电机的电枢电流 I 逐渐增加，随着直流发电机输出负荷功率的增加，将会引起整台机组的转速出现明显的下降。此时需要通过再增加直流电动机的电枢电流，使其转速重新回到 1500r/min。经过反复细致调节，在保持直流发电机励磁电流 I_{f2} 不变，机组的转速保持在 1500r/min 的平衡状态后，依次测量直流发电机的电枢电压 U 和电枢电流 I 的值。需要注意的是，随着负载电流的增大，将会发生三相可调电阻器第一段电阻短接的现象，严禁在此时强行复位电阻，最后一共测量 8 组数据，直到直流发电机的电枢电流 I 一直增大到额定值 I_N（6.52A）时结束实验，并将数据记录到表 7.2 中。

（5）最后，先逐渐减小直流电动机的电枢电流至 0A，待整个机组完全停车，同时观察直流电压表和直流电流表的示数均降为 0 后，再将直流发电机和直流电动机的励磁电流都调到 0A，结束实验。注意停车的操作顺序一定不能错。

3. 直流发电机的调节特性

直流发电机调节特性实验的接线原理图与外特性实验接线原理图 7.2 一致，但是在实验过程中，应当同时保证整个机组的额定转速维持在 n_N（1500r/min）和直流发电机的电枢电压保持为额定值 U_N 不变，具体实验步骤如下（步骤 1～3 和外特性实验基本相同）：

（1）在合上实验台的总电源开关之前，检查实验台上所有的可调直流励磁电源和电枢电源的调节旋钮均处于 0A 的位置上，三相可调电阻的调节旋钮位于电阻的最大位置。

（2）按下实验台上的绿色“闭合”按钮，缓慢地调节直流电动机的励磁电流至 0.61A 左右。随后再缓慢地增加直流电动机的电枢电流，使直流电动机旋转起来，直到整个机组的转速达到额定转速 n_N（1500r/min 左右），并保持恒定。

（3）旋转直流发电机励磁电源的旋钮，缓慢地给直流发电机增加励磁电流 I_{f2}，在以上的调节过程中，整台机组将会出现转速下降的现象，此时需要通过增加直流电动机的电枢电流，使机组的转速重新回到 1500r/min。经过以上反复不断调节的过程后，最终使得机组转速保持在 1500r/min 的平衡状态，直流发电机的电枢电压达到额定值 U_N 时为止。将此时的电枢电压 U 和电枢电流 I 作为第一组数据，记录在表 7.3 中。

表 7.3　直流发电机调节特性实验数据记录表

（环境温度：______℃，电枢电压 $U=U_N=$______ V）

被测量	1	2	3	4	5	6	7	8
I/A								
I_{f2}/A								

（4）逐渐减小串联在直流发电机电枢回路上的负载电阻，使得直流发电机的电枢电流 I 逐渐增加，随着直流发电机输出负荷功率的增加，将会引起整台机组的转速出现明显的下降。为了使整台机组的转速保持在 1500r/min 左右并保证直流发电机的电枢电压 U 为额定电压 U_N，此时，需采用两种调节方法，即先通过增加直流电动机的电枢电流，让其转速重新回到 1500r/min，然后再调节直流发电机的励磁电流 I_{f2}，让电枢电压升高至额定电压 U_N。经过反复细致调节，依次测量直流发电机的电枢电流 I 和励磁电流 I_{f2} 的值。需要注意的是，随着负载电流的增大，将会发生三相可调电阻器第一段电阻短接的现象，严禁在此时强行复位电阻，在调节直流发电机的励磁电流 I_{f2} 的过程中，不要超过其额定励磁电流值 I_{fN}（0.47A），最后一共测量 8 组数据。直到直流发电机的电枢电流 I 一直增大到 I_N（6.52A）时结束实验，在以上调节过程中，每次测量直流发电机当前的电枢电压 U 和电枢电流 I，并将数据记录到表 7.3 中。

（5）最后，先逐渐减小直流电动机的电枢电流至 0A，待整个机组完全停车后，同时观察直流电压表和直流电流表的示数均降为 0 后，再将直流发电机和直流电动机的励磁电流都调到 0A，结束实验。注意停车的顺序一定不能错。

7.1.5　实验分析

（1）根据空载特性实验数据，绘制出直流发电机的空载特性曲线，由空载特性曲线计算出直流发电机的饱和系数和剩磁电压的百分比。

（2）根据外特性实验数据，绘制直流发电机的外特性曲线，计算电压变化率：$\Delta U=\dfrac{U_0-U_N}{U_N}\times 100\%$。

（3）根据调节特性实验数据，绘制直流发电机的调节特性曲线。

7.1.6　实验思考

（1）直流发电机的空载特性曲线为什么与电机的磁化曲线形状相似？测量直流发电机空载特性时为什么励磁电流要单方向调节？励磁电流调节到 0 时可观察到直流发电机的空

载电压并不是0，原因是什么？

（2）直流发电机的外特性曲线为什么是下降的？

（3）当增加直流发电机的输出负载电流时，为保持直流发电机输出的电枢电压不变并且机组的转速维持在1500r/min，应当如何调节直流发电机的励磁电流和直流电动机的电枢电流？

（4）整个机组在停机时为什么不能首先将直流电动机的励磁电流降为0？会有什么严重后果发生？

7.2　直流电动机机械特性测定实验

7.2.1　实验目的

掌握用实验测取他励直流电动机的工作特性和机械特性的方法。

7.2.2　实验设备

（1）BMEL－Ⅱ型大功率电机系统教学实验台。

（2）可调直流励磁电源和可调直流电枢电源。

（3）直流电动机-直流发电机机组。

（4）直流电压表和直流电流表。

（5）三相可调电阻器。

（6）转矩转速测量仪。

（7）双刀双掷开关。

7.2.3　实验项目

在保持直流电动机的电枢电压$U=U_N$和励磁电流$I_f=I_{fn}$不变的情况下，测量、计算并绘制直流电动机的工作特性曲线：转速特性曲线$n=f(I_a)$和效率特性曲线$\eta=f(I_a)$；测量并绘制直流电动机的固有机械特性$n=f(T_2)$。

7.2.4　实验流程

1. 实验接线

实验接线原理如图7.3所示，可调直流电枢电源接直流电动机的电枢绕组，两台可调

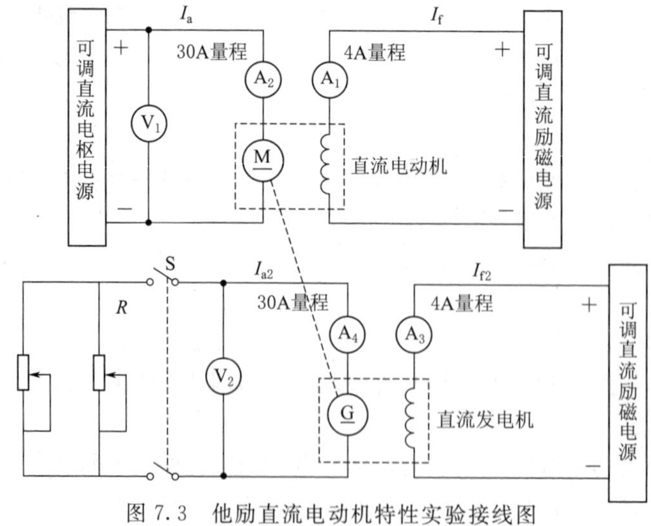

图7.3　他励直流电动机特性实验接线图

直流励磁电源；分别接直流发电机和直流电动机的励磁绕组，A_1、A_2、A_3 和 A_4 为直流电流表，V_1 和 V_2 为直流电压表，S 为双刀双掷开关，在直流发电机的电枢回路上串联一个单相可调电阻，实际是使用三相变阻器中的两相电阻并联来代替单相可调电阻。

2. 实验步骤

（1）在合上实验台的总电源开关之前，检查实验台上所有可调励磁电源和可调电枢电源的调节旋钮均处于 0A 位置上，三相可调电阻的调节旋钮位于电阻最大位置。

（2）双刀双掷开关 S 处于断开位置。

（3）按下实验台上的绿色"闭合"按钮，缓慢地调节直流电动机的励磁电流 I_f 至 0.61A 左右，随后再缓慢地增加直流电动机的电枢电流，使直流电动机逐渐旋转起来，直到整个机组的转速达到额定转速 n_N（1500r/min）左右并保持恒定。

（4）直流电动机正常起动运行后，合上双刀双掷开关 S，缓慢调节直流发电机励磁电源至额定值 I_{fN}，随后逐渐减小直流发电机电枢回路上的负载电阻 R，以逐渐增加直流发电机的输出功率，在此过程中，反复细致地调节直流电动机的励磁电流 I_f 和电枢电流 I_a，使直流电动机稳定地工作在额定运行状态（即：电枢电压 $U_1=U_N$，电枢电流 $I_a=I_N$，转速 $n=n_N$）。记录下此时的直流电动机励磁电流 $I_f=I_{fN}$ 于表 7.4 中。

（5）保持直流电动机的电枢电压 $U_1=U_N$ 和励磁电流 $I_f=I_{fN}$ 不变的条件下，通过两种调节手段（即：先逐渐增加直流发电机电枢回路的电阻值 R，再逐渐减小直流发电机的励磁电流 I_{f2}），逐渐减小直流电动机的输出功率直到直流电动机工作在空载运行状态。

（6）在以上的调节过程中，依次测量直流电动机的电枢电流 I_a、转速 n 和转矩 T_2，一共记录 8 组数据于表 7.4 中。

（7）最后先逐渐减小直流电动机的电枢电流至 0A，待整个机组完全停车后，同时直流电压表和直流电流表的示数均降为 0 之后，再将直流发电机和电流电动机的励磁电流都调到 0A，结束实验。注意停车的操作顺序一定不能错。

表 7.4　　他励直流电动机的工作特性和固有机械特性数据记录表

$U=U_N=\underline{220}$V；$n=n_N=\underline{1500}$r/min 和转矩 T_2，$I_f=I_{fN}=$______ A

实验数据	I_a/A								
	n/(r/min)								
	T_2/(N·m)								
计算数据	P_1/kW								
	P_2/kW								
	η								

注　$P_2=0.105nT_2$，$P_1=U_N\cdot I_a+U_f\cdot I_{fN}$，$\eta=\frac{P_2}{P_1}\times100\%$。

7.2.5　实验分析

（1）根据表 7.4 的数据，绘制他励直流电动机的固有工作特性曲线：$n=f(T_2)$。

（2）根据表 7.4 的数据，计算并绘制他励直流电动机工作特性曲线，即：转速特性曲线 $n=f(I_a)$ 和效率特性曲线 $\eta=f(I_a)$。

（3）计算他励直流电动机的转速变化率，即

$$\Delta n=\frac{n_0-n_N}{n_N}\times100\%$$

7.2.6　实验思考

（1）当直流电动机轴上的负载转矩和励磁电流不变时，为什么减小直流电动机的电枢电压会引起电动机转速降低？

（2）当电动机轴上的负载转矩和电枢电压不变时，为什么减小励磁电流会引起转速的升高？

（3）他励直流电动机在正常带负载运行过程中，当励磁回路突然断线时是否一定会出现直流电动机飞车的现象？为什么？

7.3　直流电动机调速实验

7.3.1　实验目的

通过实验研究他励直流电动机的三种人为机械特性，包括：改变电枢电压调速特性、减弱励磁磁通调速特性和电枢串电阻调速特性。

7.3.2　实验设备

（1）BMEL-Ⅱ系列电机系统教学实验台。

（2）直流电动机-直流发电机机组。

（3）直流电压表和直流电流表。

（4）可调直流励磁电源和可调直流电枢电源。

（5）三相可调电阻器和单相可调电阻器各一组。

（6）转矩转速测量仪。

（7）双刀双掷开关。

7.3.3　实验项目

（1）改变电枢电压调速特性实验。保持直流发电机的励磁电流 $I_f=I_{fN}$、直流发电机电枢回路串联的电阻 $R_j=0$ 不变，让直流电动机在不同的电枢电压 U_1 下，依次测取 $n=f(T_2)$。

（2）减弱励磁磁通调速特性实验。保持直流发电机的电枢电压 $U_1=U_N$、直流发电机电枢回路串联的电阻 $R_j=0$ 不变，让直流电动机在不同的励磁电流 I_f 或励磁磁通 Φ 下，依次测取 $n=f(T_2)$。

（3）电枢串电阻调速特性实验。保持直流发电机的电枢电压 $U_1=U_N$、直流发电机的励磁电流 $I_f=I_{fN}$ 不变，改变直流电动机电枢绕组串联电阻 R_j 的电阻值，依次测取 $n=f(T_2)$。

7.3.4　实验流程

1. 实验接线

他励直流电动机的调速实验接线原理与直流电动机的机械特性测定实验基本相同，区别在于直流电动机的电枢回路上串联一个单相可调电阻 R_j，按照图 7.4 所示进行实验的接线。

2. 改变电枢电压时的人为机械特性

（1）实验原理。改变电枢电压调速特性的条件是：电枢电压 U_1 可变、励磁电流 $I_f=I_{fN}$（即：$\Phi=\Phi_N$）、电枢回路串联可调电阻 $R_j=0$。此时机械特性方程式变为

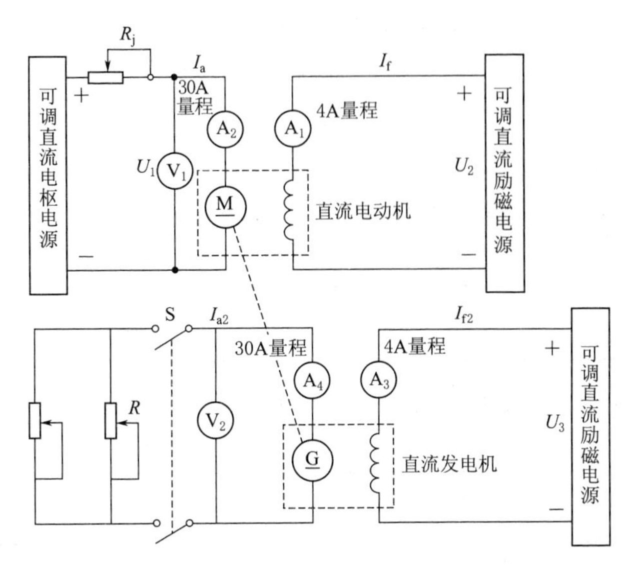

图 7.4　直流他励电动机调速实验系统接线图

$$n=\frac{U_1}{C_e\Phi_N}-\frac{R_a}{C_eC_T\Phi_N^2}T_2$$

其特点如下：

1）直线斜率不变，各条特性相互平行。

2）理想空载转速 n_0 与电枢电压 U_1 成正比。

他励直流电动机改变电枢电压调速时的理想机械特性如图 7.5 所示。

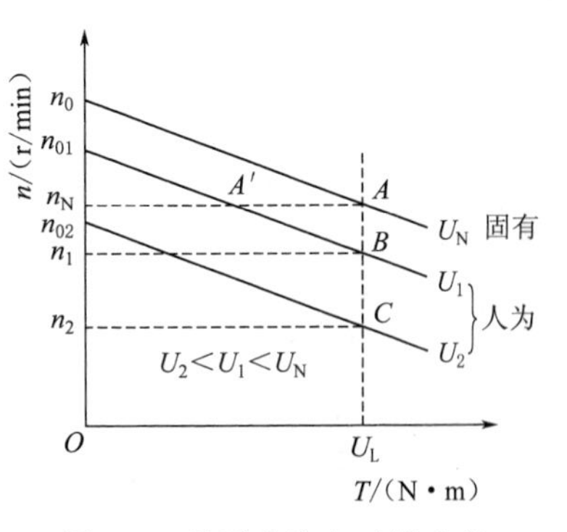

图 7.5　他励直流电动机改变电枢电压理想机械特性图

（2）实验步骤。

1）将电枢回路串联的可调电阻 R_j 调到 0Ω 的位置，其余步骤参考上一小节直流电动机机械特性测定实验中的步骤（1）～（3），将直流电动机按照正常操作流程起动运行后，随后合上开关 S，缓慢调节直流发电机励磁电源至额定值。

2）将直流电动机按照正常操作流程起动运行后，保持其在励磁电流 $I_f=I_{fN}$、电枢回路串联可调电阻 $R_j=0$ 的条件下，缓慢地将直流电动机的电枢电压调低。使其分别在额定值 $U_1=U_N=220\text{V}$、$U_1=198\text{V}$ 和 $U_1=176\text{V}$ 这三种情况下，通过调节直流发电机电枢绕组上串联的单相可调电阻 R 和直流发电机的励磁电流 I_{f2}，从而改变直流电动机轴上的输出转矩 T_2，依次测量直流电动机不同输出转矩 T_2 和对应的转速 n（此步骤与上一小节中固有机械特性的实验步骤类似），将所测数据记录在表 7.5～表 7.7 中，并根据数据绘制出三条（人为）机械特性曲线 $n=f(T_2)$，随后与图 7.5 进行比较和分析。

（3）最后，先逐渐减小直流电动机的电枢电流至 0A，待整个机组完全停车后，同时直流电压表和直流电流表的示数均降为 0 后，再将直流发电机和直流电动机的励磁电流都调到 0A，结束实验。注意停车的操作顺序一定不能错。

表 7.5　　改变电枢电压时的机械特性数据记录表

$U_1=220$，$I_f=I_{fN}=0.61A$（即 $\Phi=\Phi_N$）、$R_j=0$

$n/(r/min)$								
$T/(N\cdot m)$								

表 7.6　　改变电枢电压时的人为机械特性数据记录表

$U_1=198V$、$I_f=I_{fN}=0.61A$（即 $\Phi=\Phi_N$）、$R_j=0$

$n/(r/min)$								
$T/(N\cdot m)$								

表 7.7　　改变电枢电压时的人为机械特性数据记录表

$U_1=176V$、$I_f=I_{fN}=0.61A$（即 $\Phi=\Phi_N$）、$R_j=0$

$n/(r/min)$								
$T/(N\cdot m)$								

3. 减弱励磁磁通时的人为机械特性

(1) 实验原理。减弱励磁磁通调速特性的条件是：电枢电压 $U_1=U_N$、电枢回路串联可调电阻 $R_j=0$，调节直流电动机的励磁电流 I_f 且使得 $I_f<I_{fN}$（即：$\Phi<\Phi_N$）。这时机械特性方程式变为

$$n=\frac{U_N}{C_e\Phi}-\frac{R_a}{C_eC_T\Phi^2}T_2$$

其特点如下：

1) 励磁磁通减弱时会使 n 升高，n 与 Φ 成反比。

2) 励磁磁通减弱时会使机械特性直线的斜率增大，斜率与 Φ^2 成反比。

3) 人为机械特性为一簇直线，彼此间既不平行又非放射状，特性上移且变软。

他励直流电动机减弱励磁磁通时调速理想机械特性，如图 7.6 所示。

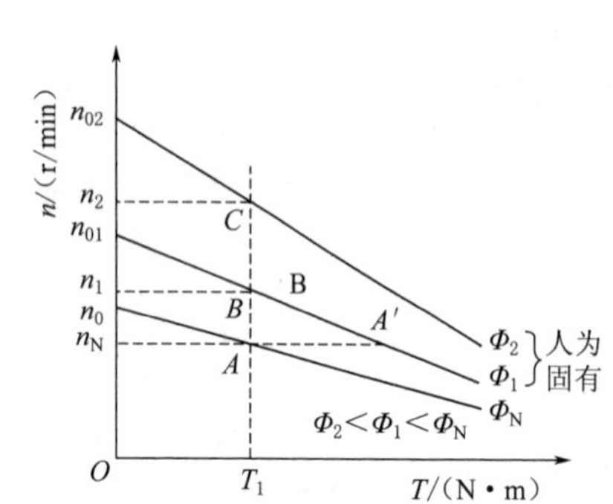

图 7.6　他励直流电动机减弱励磁磁通调速理想机械特性图

(2) 实验步骤。

1) 将电枢回路串联的可调电阻 R_j 调到 0Ω 的位置，其余步骤参考上一小节直流电动机机械特性测定实验中的步骤 (1)～(3)，将直流电动机按照正常操作流程起动运行后，随后合上开关 S_1，缓慢调节直流发电机励磁电源至额定值。

2) 将直流电动机按照正常操作流程起动运行后，保持其在电枢电压 $U=U_N$、电枢回路串联可调电阻 $R_j=0$ 的条件下，缓慢地将直流电动机的励磁电流调低，使其分别在额定值 $I_f=I_{fN}=0.61A$（即：$\Phi=\Phi_N$）、$I_f=0.55A$（即：$\Phi=0.9\Phi_N$）和 $I_f=0.49A$（即：$\Phi=0.8\Phi_N$）这三种情况下，通过调节直流发电机电枢绕组上串联的单相可调电阻 R 和直流发电机的励磁电流 I_{f2}，从而改变直流电动机轴上的输出转矩 T_2，依次测量直流电动机

不同输出转矩 T_2 和对应的转速 n（此步骤与上一小节中固有机械特性的实验步骤类似），将所测数据记录在表 7.8～表 7.10 中，并根据数据绘制出三条（人为）机械特性曲线 $n=f(T_2)$。然后与对应的机械特性参考图 7.6 进行比较和分析。

表 7.8　　减弱励磁磁通时的机械特性数据记录表

$I_f=I_{fN}=0.61A$（即 $\Phi=\Phi_N$），$U_1=U_N=220V$，$R_j=0$

$n/(r/min)$								
$T_2/(N \cdot m)$								

表 7.9　　减弱励磁磁通时的人为机械特性数据记录表

$I_f=0.55A$（即 $\Phi=0.9\Phi_N$），$U_1=U_N=220V$，$R_j=0$

$n/(r/min)$								
$T_2/(N \cdot m)$								

表 7.10　　减弱励磁磁通时的人为机械特性数据记录表

$I_f=0.49A$（即 $\Phi=0.8\Phi_N$），$U_1=U_N=220V$，$R_j=0$

$n/(r/min)$								
$T_2/(N \cdot m)$								

3）最后，先逐渐减小直流电动机的电枢电流至 0A，待整个机组完全停车后，同时直流电压表和直流电流表的示数均降为 0 后，再将直流发电机和直流电动机的励磁电流都调到 0A，结束实验。注意停车的操作顺序一定不能错。

4. 电枢串电阻时的人为机械特性

（1）实验原理。电枢串电阻调速特性的条件是：电枢电压 $U=U_N$、励磁电流 $I_f=I_{fN}$（即，$\Phi=\Phi_N$，电枢回路串联可调电阻 $R_j\neq0$），电枢回路的总电阻变为 R_a+R_j。这时的机械特性方程式变为

$$n=\frac{U_N}{C_e\Phi_N}-\frac{R_a+R_j}{C_eC_T\Phi_N^2}T_2$$

其特点如下：

1）理想空载转速 n_0 不变。

2）当可调电阻 R_j 增大时，机械特性直线斜率会随着 R_a+R_j 成正比地增大，形成一簇放射状直线。

他励直流电动机电枢串电阻时理想机械特性，如图 7.7 所示。

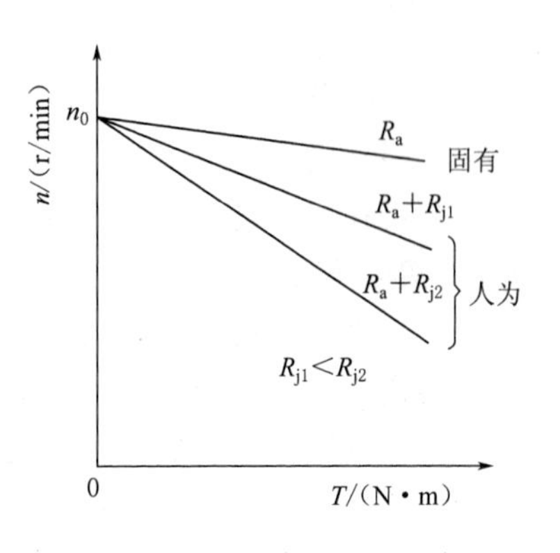

图 7.7　他励直流电动机串电阻调速理想机械特性图

（2）实验步骤。

1）将电枢回路串联的可调电阻 R_j 调到 0Ω 的位置，其余步骤参考上一小节直流电动机机械特性测定实验中的步骤（1）～(3)，将直流电动机按照正常操作流程起动运行后，随后合上开关 S，缓慢调节直流发电机励磁电源至额定值。

2）将直流电动机按照正常操作流程起动运行后，保持其在电枢电压 $U=U_N$、励磁电流 $I_f=I_{fN}$（即：$\Phi=\Phi_N$）的条件下，逐渐增加直流电动机电枢绕组串联的可调电压 R_j 的阻值，使其分别在 $R_j=0\Omega$、$R_j=0.4\Omega$ 和 $R_j=4.4\Omega$ 这三种情况下，通过调节直流发电机电枢绕组上串联的单相可调电阻 R 和直流发电机的励磁电流 I_{f2}，从而改变直流电动机轴上的输出转短 T_2，依次测量直流电动机不同输出转矩 T_2 和对应的转速 n（此步骤与上一小节中固有机械特性的实验步骤类似）将所测数据记录在表 7.11～表 7.13 中，并根据数据绘制出三条（人为）机械特性曲线 $n=f(T_j)$，然后与对应的机械特性参考图 7.7 进行比较和分析。

表 7.11　　电枢串电阻时的机械特性数据记录表

$R_j=0\Omega$，$U_1=U_N=220V$，$I_f=I_{fN}=0.61A$（即 $\Phi=\Phi_N$）

$n/(r/min)$								
$T_2/(N \cdot m)$								

表 7.12　　电枢串电阻时的人为机械特性数据记录表

$R_j=0.4\Omega$，$U_1=U_N=220V$，$I_f=I_{fN}=0.61A$（即 $\Phi=\Phi_N$）

$n/(r/min)$								
$T_2/(N \cdot m)$								

表 7.13　　电枢串电阻时的人为机械特性数据记录表

$R_j=4.4\Omega$，$U_1=U_N=220V$，$I_f=I_{fN}=0.61A$（即 $\Phi=\Phi_N$）

$n/(r/min)$								
$T_2/(N \cdot m)$								

3）最后，先逐渐减小直流电动机的电枢电流至 0A，待整个机组完全停车后，同时直流电压表和直流电流表的示数均降为 0 后，再将直流发电机和直流电动机的励磁电流都调到 0A，结束实验。注意停车的操作顺序一定不能错。

7.3.5　实验分析

（1）根据改变电枢电压调速实验数据，绘制出他励直流电动机的改变电枢电压调速特性曲线。

（2）根据减弱励磁磁通调速实验的数据，绘制出他励直流电动机的减弱励磁磁通调速特性曲线，并分析直流电动机空载转速在不同励磁磁通条件下出现差异的原因。

（3）根据电枢串电阻调速实验的数据，绘制出他励直流电动机电枢串电阻调速特性曲线，并分析在直流电动机空载转速不变的条件下，负载增加时电枢电压急剧下降的原因。

7.3.6　实验思考

（1）在直流电动机-直流发电机组成的机组中，当直流发电机的负荷增加时，为什么机组的转速会变低？为了保持整个机组的转速为 $n=n_N$，应当如何调节？

（2）他励直流电动机的固有机械特性和人为机械特性各有什么特点？

（3）他励直流电动机三种调速方法各有何特点？适用范围又分别是什么？

第2篇　异步电动机变频调速控制系统实训

第8章　异步电动机起动控制器实训

8.1　异步电动机直接起动器操作实训

8.1.1　实训目的

（1）了解异步电动机直接起动器的相关知识。

（2）掌握异步电动机直接起动器的操作方法。

8.1.2　实训设备

（1）QSVVF－1交流变频调速实验（实训）系统。

（2）施耐德 TeSys U 系列电动机直接起动器。

（3）异步电动机-直流发电机机组。

8.1.3　实训项目

（1）异步电动机直接起动器的操作实训。

（2）异步电动机直接起动器的扩展单元操作实训。

8.1.4　实训内容

1. QSVVF－1交流变频调速实验（实训）系统介绍

QSVVF－1交流变频调速实验（实训）系统是在总结当前各类变频调速实训教学设备的基础上，推出的一款先进的变频调速实训系统，该实验（实训）装置为变频技术实验和实训提供了先进的操作平台。变频器选用了应用广泛的施耐德 ATV 71 型变频器，带有 RS485 和 MODBUS 通信接口。能够完成“变频调速技术”课程的相关的教学实训，包括开环与闭环系统实验以及变频调速器的所有功能实训。能让学生综合地学习和掌握变频调速器结构原理、检测维护，可充分培养学生的实际动手能力，为今后就业，走向工作岗位打下坚实的基础。

QSVVF－1交流变频调速实验（实训）系统如图8.1所示。

2. TeSys U 系列电动机直接起动器介绍

施耐德公司的 TeSys U 系列电动机起动器实现了对安装和使用最大限度的简化。它将隔离与动力切换、保护与功能控制以及通信功能相结合；对于15kW以下的电动机起动器充分采用模块化技术最大限度缩减尺寸，并且可以快速进行选型以满足和适应各种不同需要。

直接起动器由控制单元、功能模块、通信模块以及辅助触点模块组成。可以很方便地夹持在动力底座上，避免了烦琐的接线工作；与传统解决方案相比，节约了80%以上的

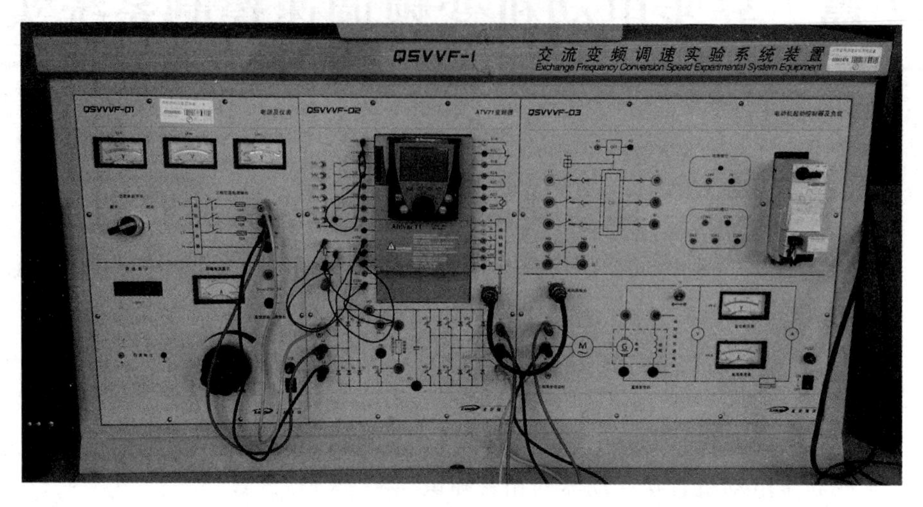

图 8.1　QSVVF－1 交流变频调速实验（实训）系统实物图

安装时间。

直接起动器的控制单元有三种类型可供选择：标准型、高级型与多功能型，可以提供从最基本的热过载保护到最高级的复杂保护功能。最高端的控制模块配有显示终端，可以实时显示警报阈值，电机运行参数（电流、热状态），故障记录，运行持续时长等信息；这样可获得大量对运行与维护有关的信息。通信模块支持 AS－i 总线和 Modbus 协议，使得 TeSys U 电动机直接起动器可以方便地与集成控制系统进行通信。

3. 直接起动器组成

TeSys U 系列电动机直接起动控制器的外形如图 8.2 所示，主要由以下几个部件组成：

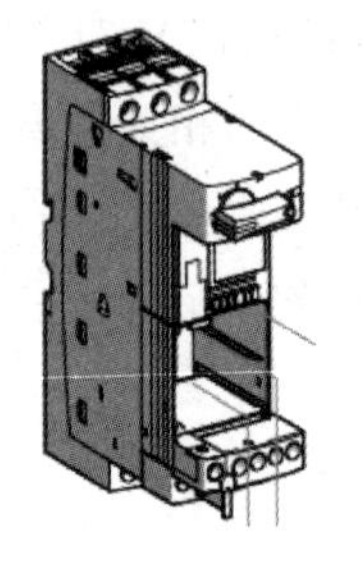

（a）动力底座

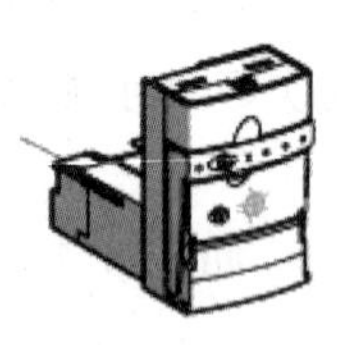

（b）标准控制单元

（c）总线通信模块（Modbus）

图 8.2　TeSys U 控制器组成结构图

（1）控制器底座。

（2）高级多功能控制单元。

（3）根据需要还可增加一个多功能控制单元或通信模块。

4. 控制器触点状态

异步电动机直接起动器的触点状态，见表 8.1。

表 8.1　直接起动器的触点状态表

触点状态		控制手柄位置	前面板指示
关断		关断	0
就绪			0
运行			1
短路脱扣		TRIP	1≫
热过载脱扣	手动复位模式	TRIP	0
	热过载时自动复位模式		0
	远程复位模式		0

5. 直接起动器操作

（1）按照图 8.3 将直接起动器与三相异步电动机连接。电动机起动器的 L1、L2、L3 接入三相电源，其输出的 U、V、W 与三相异步电动机的 U、V、W 相连。

（2）在上电前设置好标准控制单元“LUCA 12BL”上的热过载电流。参考电动机核定的热过载电流设置为 3A。

（3）按照图 8.4 连接直接起动器的外部控制线路。

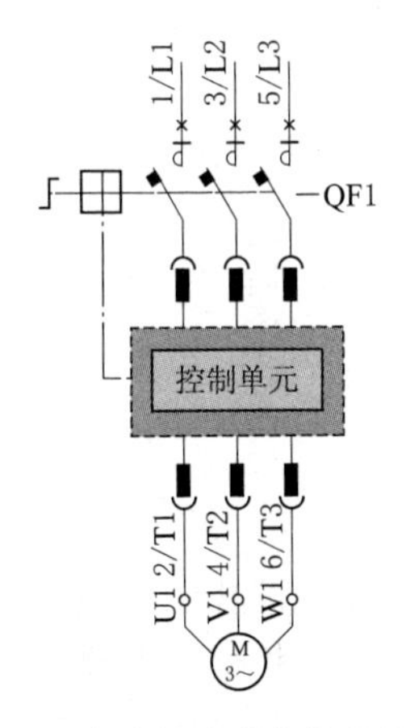

图 8.3　直接起动器的外部接线图

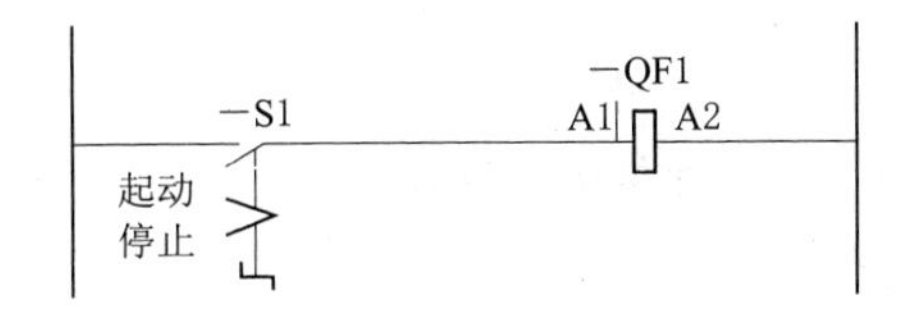

图 8.4　直接起动器控制部分接线图

（4）先将控制器触点状态拨到运行状态，再将控制开关 QF1 的两端 A1 和 A2 与控制面板上的电源输入 24V 和 0V 相连，电动机即可起动运行。

6. 扩展控制单元操作

（1）选择 2 线控制方式，如图 8.5 所示。

（2）选择 3 线控制方式，如图 8.6 所示。

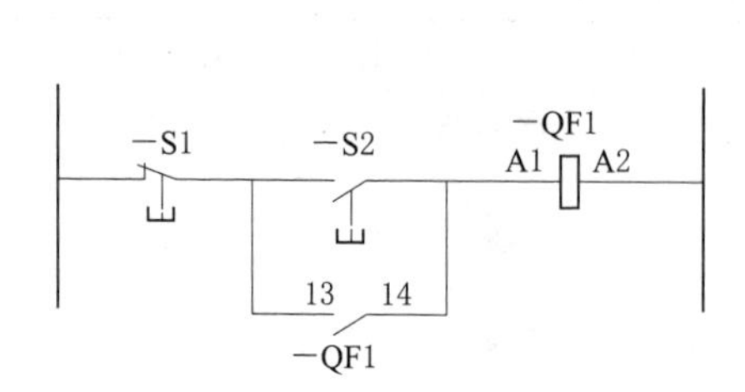

图 8.5　扩展控制单元 2 线控制线路图

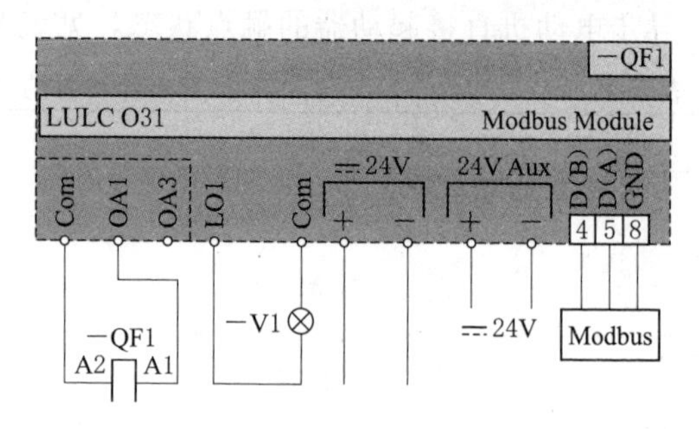

图 8.6　扩展控制单元 3 线控制线路图

（3）通过 Modbus 通讯模块 LULC031 对直接起动器进行运程控制。

8.1.5　实训分析

画出本实训中所采用的传统的接触器直接起动控制的电路图，并比较与本实训中所采用的直接起动控制器的异同点。

8.2　异步电动机软起动器操作实训

8.2.1　实训目的

（1）了解软起动器的相关知识。

（2）掌握软起动器的接线及操作方法。

8.2.2　实训设备

（1）QSVVF－1 交流变频调试实验系统。

（2）施耐德 ATS48 软起动器。

（3）异步电动机-直流发电机机组。

8.2.3　实训项目

（1）软起动器的设置及操作实训。

（2）电动机软起动器简单起动实训。

（3）电动机软起动器特殊起动实训。

8.2.4　实训内容

1. 软起动器的工作原理

软起动器是一种集电机软起动、软停车、轻载节能和多种保护功能于一体的新颖电机控制装置。软起动器的工作原理如图 8.7 所示，在软起动器中三相交流电源与被控电机之间具有三相反并联晶闸管及其电子控制电路。利用晶闸管的电子开关特性，通过软起动器控制触发脉冲、触发角的大小来改变晶闸管的导通程度，从而改变三相异步电动机定子绕组上的三相电压，相当于降压起动。异步电动机在定子调压下的主要特点是电动机的转矩近似与定子电压的平方成正比。当晶闸管的导通角从 0°开始上升时，电动机开始起动。随着导通角的增大，晶闸管的输出电压逐渐增高，电动机开始加速，直至晶闸管全导通，电动机在额定电压下工作。

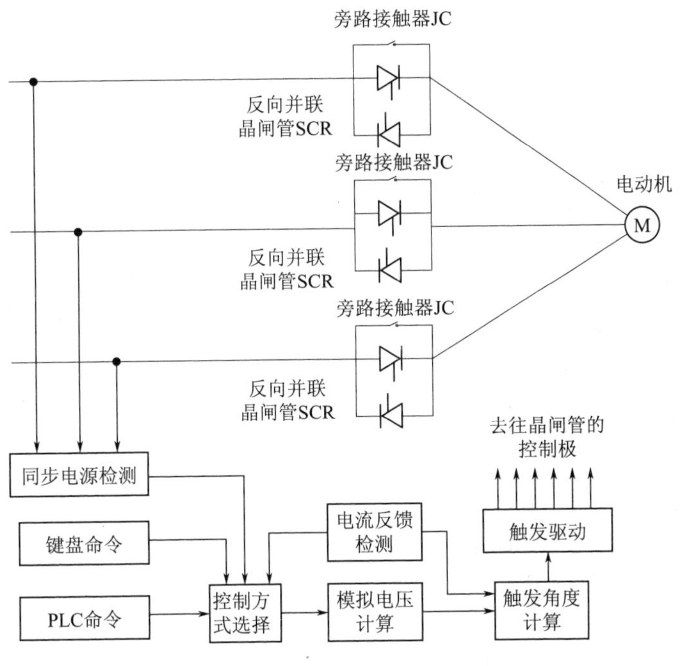

图 8.7　软起动器工作原理框图

2. 施耐德 ATS48 软起动器的操作

软起动器的操作面板如图 8.8 所示。

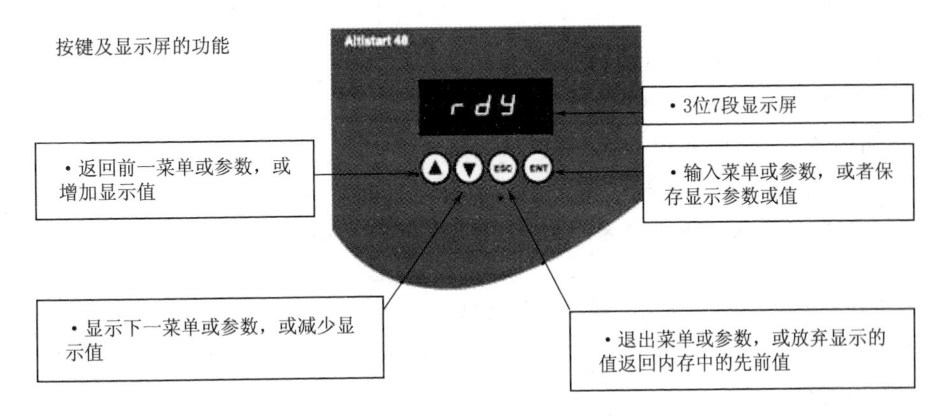

图 8.8　软起动器的终端显示图

3. 软起动器参数设定值

(1) ATS 48 软起动器在出厂时已设定为普通的运行情况。

(2) ATS 48 软起动器已设置为在电机电源上使用。

(3) ATS 48 软起动器中电机额定电流 In 的设置。

1) ATS 48…Q：为标准 400V 4 极电机预置。

2) ATS 48…Y：为 NEC 电流、460V 电机预置。

3）限制电流（ILt）：电机额定电流的400%。

4）加速斜坡（ACC）：15s。

5）起动力矩（tq0）：额定力矩的20%。

6）停车（StY）：自由停车（-F-）。

7）电机热保护（tHP）：10级保护曲线。

8）显示rdY(起动器待机)，有电源电压和控制电压，电机电流运行；

（4）逻辑输入参数设置。

1）LI1：STOP(停机)。

2）LI2：RUN(运行)。

3）LI3：强制自由停车（LIA）。

4）LI4：强制本地模式（LIL）。

（5）逻辑输出参数设置。

1）LO1：电机热报警（tA1）。

2）LO1：电机已通电（ml）。

（6）继电器输出参数设置。

1）R1：故障继电器（rlI）。

2）R2：起动结束旁路继电器。

3）R3：电机已通电（ml）。

（7）模拟输出参数设置。

AO电机电流（Ocr，0-20mA）。

（8）通信参数设置。

1）通过串口连接，起动器逻辑地址（Add）为“0”。

2）传输速度（tbr）：19200bit/s。

3）传输格式（For）：8位，无奇偶校验，1个停止位（8nl）。

4. ATS48的外部接线及端子图

ATS48的外部接线及端子定义如图8.9和图8.10所示。

5. 软起动器单机简单起动操作

软起动器外部接线按图8.11所示进行接线。

LI1和LI2已经分别设置为STOP(停止）和RUN(运行)，将其通过拨杆开关与+24V电源相连接，如图8.10所示。

（1）当STOP(停止）为1(接通）时，并且RUN(运行）为1(接通）时，软起动器执行起动命令。

（2）当STOP(停止）为0(断开）时，并且RUN(运行）为1(接通）或0(断开）时，软起动器执行停车命令。

6. 特殊起动

如果电机达不到软起动器的控制标准，可以采用一种特殊的起动方式。在ATS 48软起动器中有一个单独的小型电动机控制功能。由于被控电动机为小型电动机，故采用该种起动方式。

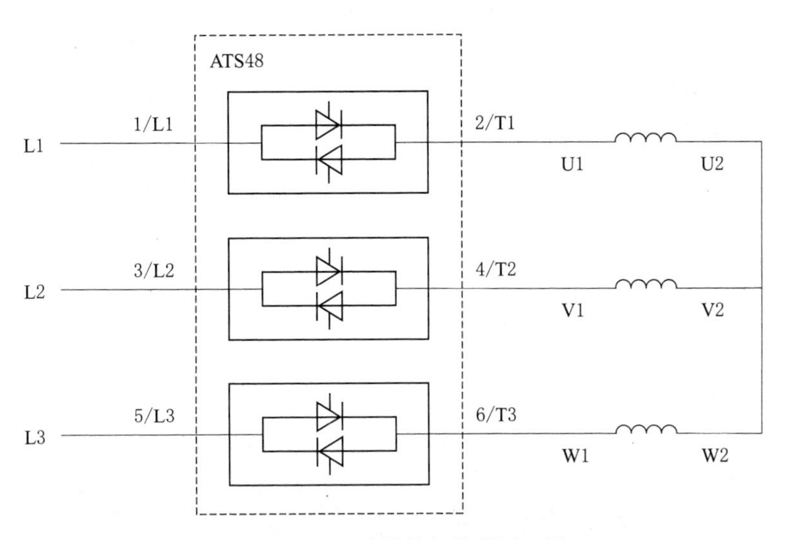

图 8.9　软起动器外部接线原理图

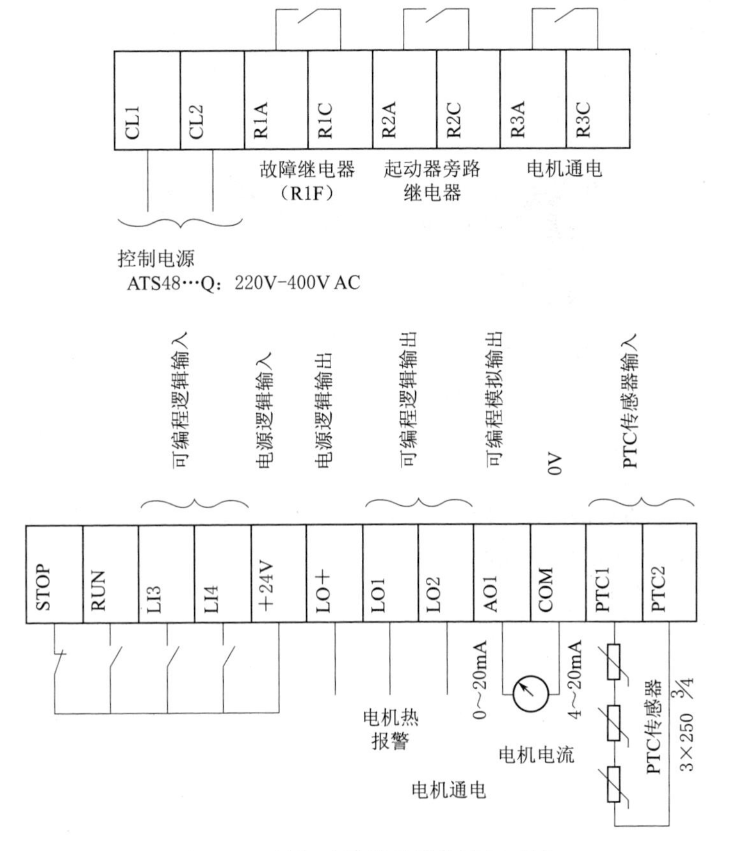

图 8.10　软起动器端子排接线原理图

将三相异步电动机按照图 8.11 所示的外部接线图与软起动器接好线以后，通电并按下菜单中的“▲▼”进入软起动器的高级设定菜单 drC，按下 ENT（确认键，下同），继续按下菜单中的“▲▼”选择小型电机测试 SST，按下 ENT，改成 ON 的状态后，按下 ENT，将 STOP 和 RUN 与 24V 相连即可实现特殊方式的起动。

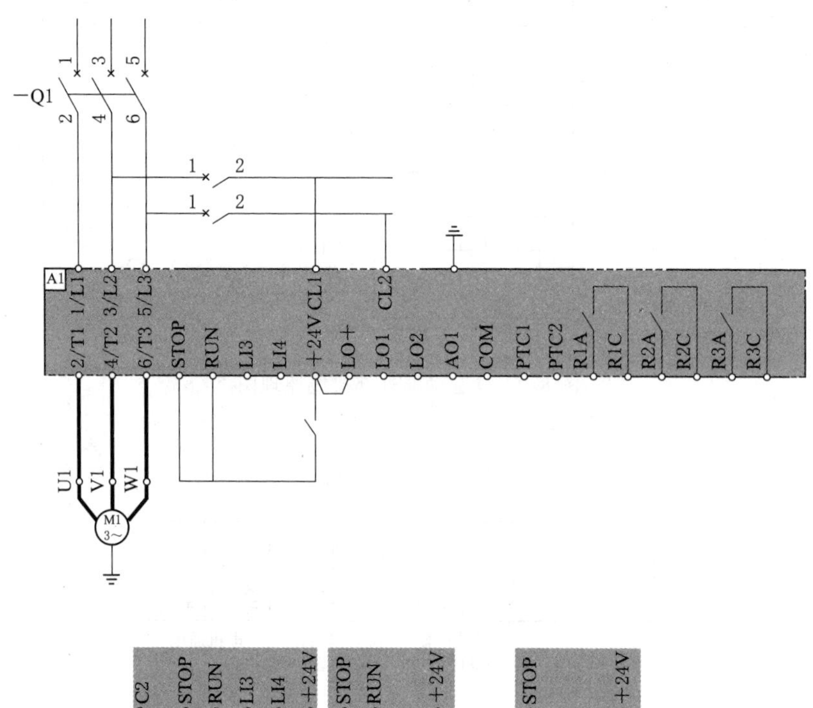

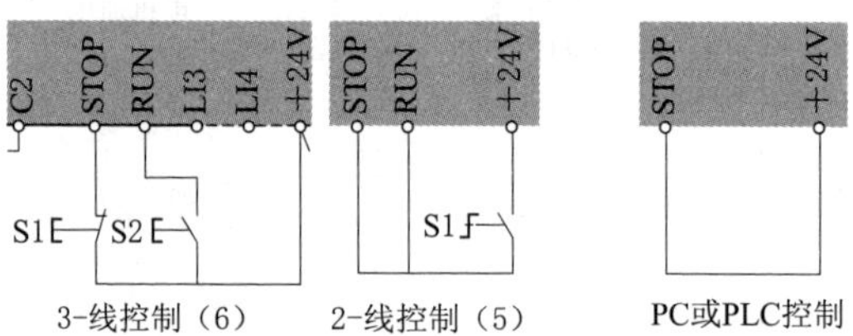

图 8.11　软起动器简单起动接线原理图

8.2.5　实训分析

说出三相异步电动机的软起动方式与其他起动（例如：传统的降压起动、星形/三角形 Y-△）换接起动）等起动方式的区别。

第9章　变频器及调速控制系统实训

9.1　变频器认识实训

9.1.1　实训目的

（1）认识变频器的组成、结构和原理。

（2）掌握变频器的基本操作和使用方法。

9.1.2　实训设备

（1）QSVVF-1交流变频调速实验（实训）系统。

（2）施耐德ATV 71型变频器。

（3）异步电动机-直流发电机机组。

9.1.3　实训项目

（1）施耐德变频器外形和功能的认识。

（2）施耐德变频器菜单的基本操作。

9.1.4　实训内容

1. 变频器的原理

变频器是利用交流电动机的转速随电动机定子电压频率变化而变化的特性来实现电动机调速运行的装置。变频器有“交—交”变频器和“交—直—交”变频器两种基本类型，较为常用的是“交—直—交”变频器。“交—直—交”变频器先把工频交流电通过整流器变成直流电，再把直流电变换成频率、电压均可控制的交流电，故其又被称为间接式变频器，“交—直—交”变频器的基本结构如图9.1所示。

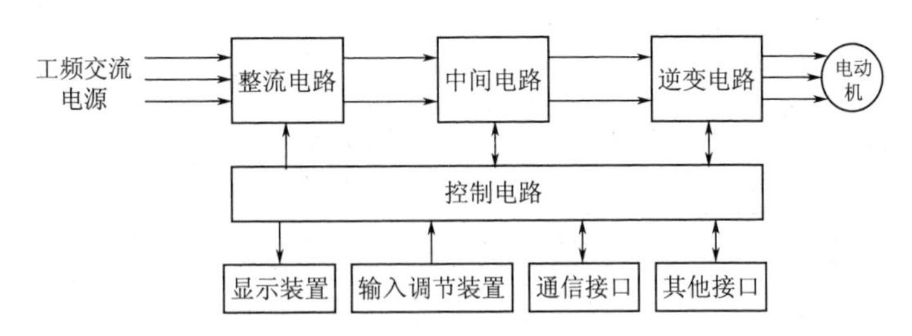

图9.1　“交—直—交”变频器的基本结构原理图

其由主电路（包括：整流电路、中间直流环节电路、逆变电路）和控制电路组成，各部分作用如下所述：

（1）整流器。电网侧的变流器是整流器，其作用是把三相交流电经整流转换成为直流电。

（2）逆变器。负载侧的变流器为逆变器。最常见的结构形式是，利用六个半导体主开关器件组成的三相桥式逆变电路。有规律地控制逆变器中主开关器件的“通”与“断”，可以得到任意频率和有效值的三相交流电输出。

（3）中间直流环节。由于逆变器的负载属于感性负载，在中间直流环节和电动机之间总会有无功功率的交换。这种无功功率的能量要靠中间直流环节的储能元件（电容器或电抗器）来缓冲。所以中间直流环节又称为中间直流储能环节。

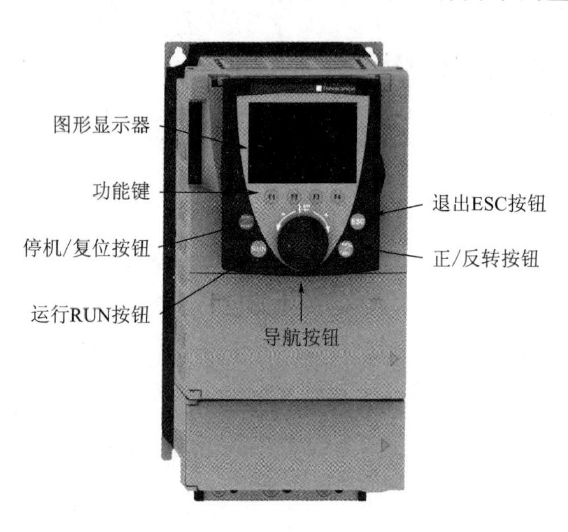

图 9.2 变频器终端面板结构图

（4）控制电路。控制电路由运算电路，检测电路，控制信号的输入、输出电路和驱动电路等构成。其主要任务是完成对逆变器的开关控制、对整流器的电压控制以及完成各种保护功能等。控制方法可以采用模拟控制或数字控制。高性能的变频器目前已经采用微型计算机进行全数字控制，并采用尽可能简单的硬件电路，主要靠软件来完成各种功能。

2. 施耐德 ATV 71 型变频器的操作

（1）变频器终端的面板结构，如图 9.2 所示。

（2）变频器主菜单的屏幕显示，如图 9.3 所示。

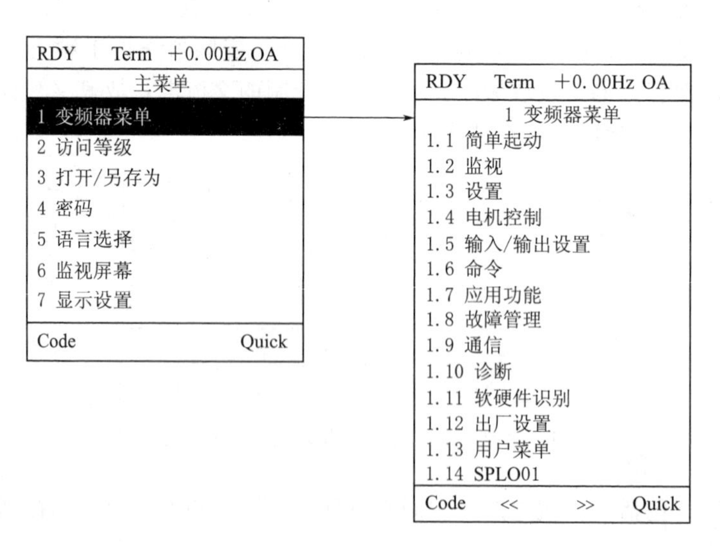

图 9.3 变频器主菜单屏幕显示截图

（3）变频器的主菜单主要有以下一些条目。

1）1 变频器菜单：包括整个变频器所有功能菜单的内容。

2）1.1 简单起动：快速起动设置相关内容的菜单。

3）1.2 监视：主要显示电流、电机与输入/输出值。

4）1.3 设置：用于调整变频器内部的各参数，在运行期间可进行修改。

5）1.4 电机控制：电机控制参数的设置（例如：电机铭牌中的值设定，自整定值设定，开关频率设定，控制算法设定等）。

6）1.5 输入/输出设置：针对变频器的 I/O 通道进行设置（例如：缩放比例，滤波，2 线控制，3 线控制等）。

7）1.6 命令：针对命令与给定通道的设置（例如：图形显示终端，端子，总线等）。

8）1.7 应用功能：变频器中的应用功能设置（例如：预置速度，PID，制动逻辑控制等）。

9）1.8 故障管理：变频器中的故障管理设置。

10）1.9 通信：变频器通信参数的设置（例如：现场总线通信参数的设置）。

11）1.10 诊断：设置使用电机/变频器诊断的功能。

12）1.11 软硬件识别：变频器与内部可选件的识别。

13）1.12 出厂设置：将变频器的设置参数全部返回出厂设置状态。

14）1.13 用户菜单：用户可以在“7 显示设置”菜单中创建的特定子菜单。

15）1.14 可编程卡：变频器内置控制器卡的设置。

（4）ATV 71 变频器的出厂默认设置。ATV 71 的出厂设置用于最常见的工作条件。

以下一些参数是 ATV 71 变频器出厂默认设置的信息。

1）宏配置：起动/停车。

2）电机频率：50Hz。

3）带有异步电动机和无传感器磁通矢量控制的恒转矩应用。

4）斜坡减速时的正常停车模式。

5）出现故障时的停车模式：自由停车。

6）线性，加速与减速斜坡：3s。

7）低速：0Hz。

8）高速：50Hz。

9）电机热电流等于变频器额定电流。

10）静止注入制动电流等于 0.7 倍的变频器额定电流，持续 0.5s。

11）出现故障后不自动起动；开关频率为 2.5kHz 或 4kHz，由变频器额定值决定。

12）逻辑输入设定：LI1：正向；LI2：正向（2 个运行方向），转换时 2 线控制；LI3，LI4，LI5，LI6：未激活（未被定义）。

13）模拟输入：AI1：速度给定值 0～+10V；AI2：0～20mA，未激活（未被定义）。

14）继电器设定：R1：出现故障（或变频器断电）时触点打开；R2：未激活（未被定义）。

15）模拟输出 AO1：0～20mA，未激活（未被定义）。

在实际使用中，如果上述值与应用情况一致，不需改变设置就能使用变频器。

9.1.5　实训分析

列出设定被控对象即异步电动机的额定参数和设定步骤。

9.2　三相异步电动机变频调速系统操作实训

9.2.1　实训目的

（1）了解变频器调速系统的组成和原理。

（2）掌握变频器调速系统的操作和设置方法。

9.2.2　实训设备

（1）QSVVF-1 交流变频调速实验（实训）系统

（2）施耐德 ATV 71 型变频器。

（3）异步电动机-直流发电机机组。

9.2.3　实训项目

（1）使用 ATV 71 型变频器在变频调速系统中进行相关的参数设定。

（2）使用 ATV 71 型变频器在变频调速系统中使用图形终端和外部控制两种方式进行操作。

9.2.4　实训内容

1. 变频调速的原理

现代交流调速传动主要指采用电力电子变换器对三相异步电动机的变频调速传动。三相异步电动机的调速方法很多，其中以变频调速性能为最好。根据《电机学》的理论知识，异步电动机的同步转速，即旋转磁场转速为

$$n_1=\frac{60f_1}{p} \tag{4.1}$$

式中　f_1——供电电源频率；

p——电机极对数。

异步电动机的转速为

$$n=n_1(1-s)=\frac{60f_1}{p}(1-s) \tag{4.2}$$

式中　s——为异步电动机的转差率，$s=\frac{n_1-n}{n}$。

改变电动机的供电电源频率 f_1，可以改变其同步转速，从而实现调速运行。由异步电动机的转速公式 $n=n_1(1-s)=\frac{60f_1}{p}(1-s)$可知，由于异步电动机的转速 n 与交流电源的频率 f_1 呈正比关系。因此如果能连续地改变交流电源的频率，就可以连续平滑地调节电动机的转速，这就是异步电动机变频调速的理论依据。

2. 变频调速系统的组成

变频调速系统一般由变频器、电动机和控制器组成，其结构原理图如图 9.4 所示。通常由变频器主电路给异步电动机提供调压调频电源。此电源输出的电压、电流及频率，由

控制电路的指令进行控制。而控制指令则根据外部的运转指令运算而获得。目前常用的异步电动机变频调速控制方式有两种，即：恒转矩变频调速和恒功率变频调速。

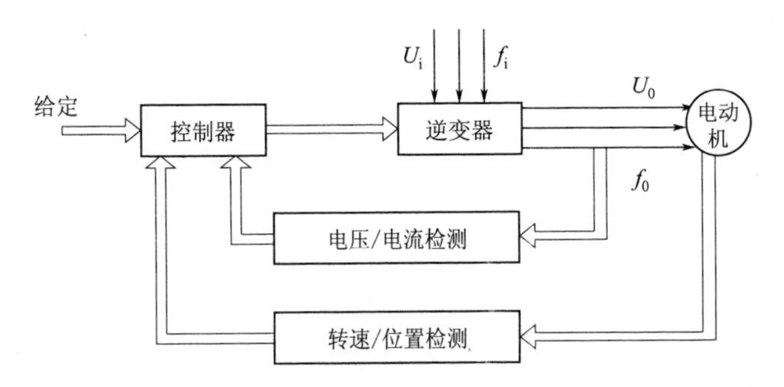

图 9.4　变频调速系统结构原理图

3. 变频器在调速系统中的设置

接下来的 9.3，9.4 和 9.5 三个实训项目中，变频器均采用如下的参数设置。

(1) 在“1 变频器菜单”下选择“1.1 简单起动”，在该菜单下做如下设置：

1) 电机额定功率：1.10kW。

2) 电机额定电压：380V。

3) 电机额定电流：2.8A。

4) 输出相序：A—B—C 相序。

5) 电机热保护电流：2.8A。

(2) 在“1.3 设置”菜单下做如下设置：

1) 电流限幅：4.3A。

2) 电机电流阈值：2.8A。

(3) 在“1.4 电机控制”中设置下列数值：

1) 脉冲数量：2000P/R。

2) 编码器用途：调节和监视。

(4) 电动机额定转矩为

$$T_N = 9.55\frac{P_N}{n_N} = 9.55 \times \frac{1100}{1400} = 7.50(\text{N}\cdot\text{m})$$

4. 变频器图形终端控制方式的操作

(1) 主电路的连接：将变频器输入端的 L1、L2、L3 与“三相交流电源输出”的 U、V、W 输出端连接，将变频器输出端的 U、V、W 与三相异步电动机的 U、V、W 输入端相连。

(2) 将“交流电源开关”从“断开”扭到“闭合”位置，进入变频器中文显示终端，按下导航按钮（ENT），进入变频器主菜单，选择“1. 变频器菜单”，按下 ENT 按键，进入变频器菜单，选择“1.4 电机控制”，按下 ENT 按键，更改变频器显示终端的设定值（除“电机控制类型”外，接下来所有实训环节中的设定值均相同），具体参数设置如下：

1）电机额定频率：50Hz。

2）电机额定功率：1.1kW。

3）电机额定电压：380V。

4）电机额定电流：2.8A。

5）电机额定频率：50Hz。

6）电机额定速度：1400r/min。

7）电机控制类型：SVC－U。

（3）按下 ESC 键，进入“1. 变频器菜单”选择“1.6 命令”，按下 ENT 按键，将“给定 1 通道”设置为“图形终端”。

（4）按 ECS 键回退菜单至“图形终端频率给定”界面，可见当前设定的频率值，点击终端上的 RUN 起动按键，电动机随即起动并旋转，顺时针或逆时针转动导航键可改变输出电压的频率值，将频率和电动机的转速记录在表 9.1 中，一共测量 10 组数据。

表 9.1　图形终端控制频率、转速和输出电压数据记录表

频率/Hz	5	10	15	20	25	30	35	40	45	50
转速/(r/min)										
输出电压/V										

5. 变频器使用外部控制（AI1 控制方式和操作）

（1）第 1 步骤和第 2 步骤的操作和设置方法同“4. 变频器图形终端控制方式的操作”。

（2）按下 ESC 键，进入“1. 变频器菜单”选择“1.6 命令”，按下 ENT 按键，“给定 1 通道”设置为“AI1 控制”。

（3）变频器外部 AI1＋和 AI1－及相关端子的接线如图 9.5 所示。

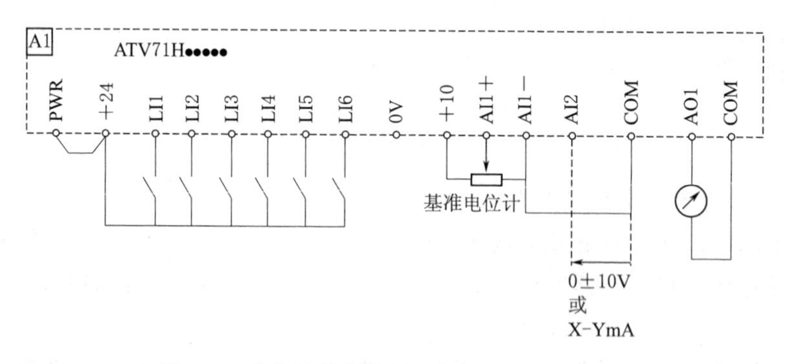

图 9.5　变频器的外部端子排接线方式示意图

（4）将 24V 与 PWR 相连并将 24V 与拨钮开关 SA1～SA6 的公共端相连。拨动 SA1，即可正常起动异步电动机。

（5）调节可变电阻器的旋钮，即可改变输出电压的频率，记录 10 组数据于

表 9.2 中。

表 9.2　　外部（AI1）控制频率、转速及输出电压数据记录表

频率/Hz	5	10	15	20	25	30	35	40	45	50
转速/(r/min)										
输出电压/V										

（6）端子排接线方式说明。

1）PWR 断电安全功能输入。

当 PWR 没有连接 24V 时，电机不能起动（符合功能安全标准 EN954－1andIEC/EN 61508）。

2）＋24V：逻辑输入电源。

3）P24：用于外部＋24V 控制电源的输入。

4）0V：公共逻辑输入与 P24 外部电源的 0V。

5）LI1、LI2、LI3、LI4、LI5：可编程逻辑输入。

6）LI6：由 SW2 开关的位置决定（可编程逻辑输入或用于 PTC 探头的输入）。

7）＋10：＋10Vc 基准电位计的电源 1～10kΩ。

8）AI1＋、AI1－：差分模拟输入 AI1。

9）COM：公共模拟输入/输出（I/O）。

10）AI2：由软件配置决定：模拟电压输入或模拟电流输入。

11）AO1：由软件配置决定：模拟电压输出或模拟电流输出或模拟电流输入。

9.2.5　实训分析

（1）列出实训中异步电动机的额定参数和变频器的对应设定步骤。

（2）绘制出图形终端控制方式下，频率和转速、频率和输出电压的曲线图。

（3）绘制出外部控制方式下，频率和转速、频率和输出电压的曲线图。

（4）对比图形终端控制方式下和外部控制方式下，在相同频率下转速和输出电压的差别，并简要说明原因。

9.3　转速开环恒压频比变频调速控制系统操作实训

9.3.1　实训目的

通过实验掌握转速开环恒压频比控制调速系统的组成及其工作原理。

9.3.2　实训设备

（1）QSVVF－1 交流变频调速实验（实训）系统。

（2）施耐德 ATV 71 型变频器。

（3）异步电动机-直流发电机机组。

9.3.3　实训项目

（1）对异步电动机进行电机开环恒压频比（U/f）控制，U_0 值设为 0V。

（2）对异步电动机进行电机开环恒压频比（U/f）控制，U_0 值设为 30V。

9.3.4　实训内容

1. 开环恒压频比控制调速的原理

转速开环恒压频比控制是交流电动机变频调速的一种常用控制方法，采用恒压频比控制，在基频以下的调速过程中可以保持电动机气隙磁通基本不变，在恒定负载情况下（恒转矩），电动机在变频调速过程中的转差率基本不变，电动机的机械特性较硬，电动机有较好的调速性能。但是如果频率较低，定子阻抗压降所占的比重较大，电动机很难保持气隙磁通不变，电动机的最大转矩将随着频率的下降而减小。为了使电动机在低频低速时仍有较大的转矩，在低频时应适当提高低频电压补偿，从而使电动机在低频时仍有较大的转矩输出。

转速开环恒压频比变频调速控制系统原理如图 9.6 所示。

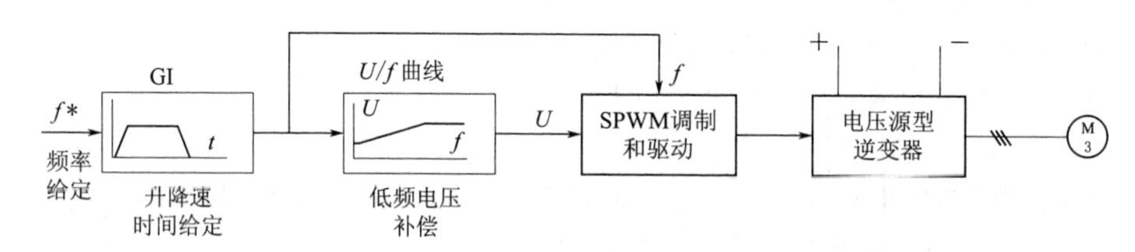

图 9.6　转速开环恒压频比变频调速控制系统原理图

控制系统由升降速时间设定、U/f 曲线、SPWM 调制和驱动等环节组成。其中升降速时间设定用来限制电动机的升频速度，避免转速上升过快造成电流和转矩的冲击，起软启动控制的作用。U/f 曲线用于根据频率确定相应的电压，以保持压频比不变，并在低频时进行适当的电压补偿。SPWM 和驱动环节将根据频率和电压要求产生按正弦脉宽调制的驱动信号，控制逆变器，以实现电动机的变压和变频调速。

低频时或负载的性质和大小不同时，须靠改变 U/f 函数发生器的特性来补偿，使系统达到 E_g/f_1 恒定的功能，在变频器中通常称为“电压补偿”或“转矩补偿”。实现补偿的方法有两种：①在微机中存储多条不同斜率和折线段的 U/f 函数，用户根据需要选择最佳特性；②采用霍尔电流传感器检测定子电流或直流回路电流，按电流大小自动补偿定子电压。由于系统本身没有自动限制起动电流的作用，因此，频率设定必须通过给定积分算法产生平缓的升速或降速信号，升速和降速的积分时间可以根据负载需要由操作人员选择。

2. 操作步骤

（1）连线。按照图 9.7 所示连线，其中直流发电机“励磁输入”接“直流电源励磁输出”，为他励方式。变频器采用“外部控制（AI1 控制）”方式，变频器外部接线如图 9.5 所示。

（2）对变频器进行相应的参数设置。先选择无低频补偿状态方式，进行如下设置：

1）进入“简单控制”变频器菜单：1.4 电机控制→电机控制类型→2 点压步比→U_0 值设为零。

2）1.6 命令→给定 1 通道→AI1 给定。

（3）闭合 SA1，使电动机起动运行。测量并记录对应的转速、输出电压和频率并记录到

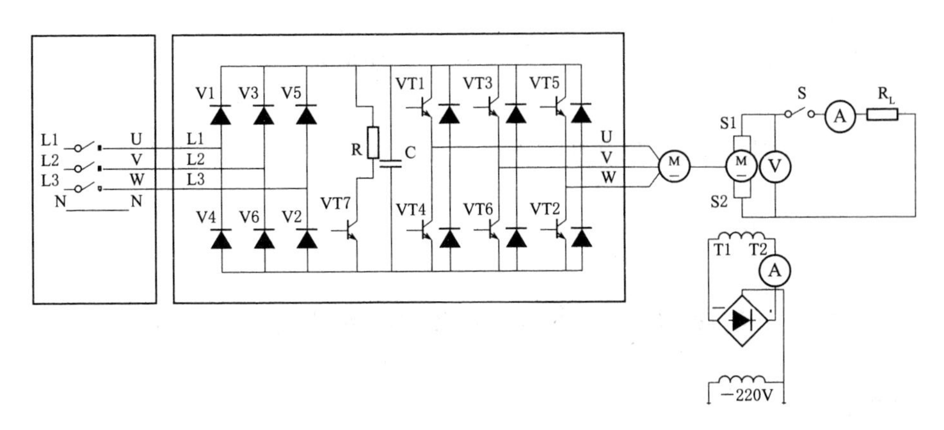

图 9.7　异步电动机变频调速系统接线原理图

表 9.3 中。

表 9.3　　无低压补偿时 U/f 调速运行数据记录表

f/Hz	50	45	40	35	30	25	20	15	10	5
n/(r/min)										
U_0/V										
U/f(计算值)										

（4）使电动机停车，选择低频补偿，设置如下：1.4 电机控制→电机控制类型→2 点频压比 U_0 值设为 30V。

按下 SA1 开关起动电动机，记录相关数据于表 9.4 中。

表 9.4　　有低压补偿时 U/f 调速运行数据记录表

f/Hz	50	45	40	35	30	25	20	15	10	5
n/(r/min)										
U_0/V										
U/f(计算值)										

（5）不改变接线及设置的情况下，改变载波频率，观察电机运行平稳和噪声大小。此时需做如下设置：1.4 电机控制→开关频率→输入数字（默认 4kHz、调节范围 1～16kHz）。

（6）改变加速时间，观察加速过程，即电机从 0 转速启动到稳定运行的变化过程。此时需做如下设置：1.3 设置→加速时间→输入数字（默认 3.0s）。

3. 实验注意事项

（1）完成变频器调速系统外部连线及变频器内部相关设定后再起动电动机运行。

（2）运行过程中调励磁时，一定注意异步电动机定子电流和发电机电枢电流不要超过各自的额定电流。

（3）编程时电机额定数值的设定及与此相关的其他参数的设定，一定要按照实际使用的电动机参数进行设置。

9.3.5　实训分析

（1）分别计算表 9.3 和表 9.4 中的 U/f 值，并比较两种情况下的差别，说明产生差别的原因。

（2）根据测量数据分别绘制有补偿电压和无补偿电压时的 $U-f$ 曲线图和 $n-f$ 曲线图。

（3）说出开环压频比调速的特点。

9.4　无速度传感器矢量调速控制系统操作实训

9.4.1　实训目的

（1）了解异步电动机无速度传感器矢量控制系统的组成及工作原理。

（2）掌握异步电动机无速度传感器矢量控制系统的静、动特性差别和使用条件。

9.4.2　实训设备

（1）QSVVF－1 交流变频调速实验（实训）系统。

（2）施耐德 ATV71 型变频器。

（3）异步电动机—直流发电机机组。

9.4.3　实训项目

对异步电动机无速度传感器矢量控制系统的静特性进行测定。

9.4.4　实训内容

1. 异步电动机矢量控制技术

矢量控制也称为磁场定向控制，基本原理是通过测量和控制异步电动机定子电流矢量，根据磁场定向原理分别对异步电动机的励磁电流和转矩电流进行控制，从而达到控制异步电动机转矩的目的。基于 DQ 轴坐标变换理论，将异步电动机的定子电流矢量分解为 D 轴励磁电流和 Q 轴转矩电流，这样就可以分别对交流电动机的 D 轴励磁电流和 Q 轴转矩电流进行单独控制，并同时分别控制两个分量间的幅值和相位，即控制定子电流矢量，从而使交流电机具有和直流电机相似的控制特性。

2. 异步电动机无速度传感器矢量控制系统的结构

相较于带速度传感器矢量控制系统，无速度传感器的控制系统无需检测硬件，免去了安装速度传感器带来的麻烦，提高了系统的可靠性，减少了电机与控制器的连线，降低了系统的成本，因此，无速度传感器的异步电动机调速系统在工程中的应用更加广泛。一种典型的异步电动机无速度传感器矢量控制系统的结构如图 9.8 所示。

无速度传感器矢量控制系统的基本原理是利用检测的定子电压、电流等容易检测到的物理量进行速度估计以取代速度传感器。重点是如何准确地获取转速的信息且保持较高的控制精度，满足实时控制的要求。控制系统中有两个重要的反馈环节，即转子磁链估计和电机转速估计。

（1）转子磁链估计。在转子磁场定向的矢量控制系统中，转子磁链的准确估计和控制是影响电机控制性能的关键因素之一。转子磁链估算有电压模型和电流模型两种。传统的

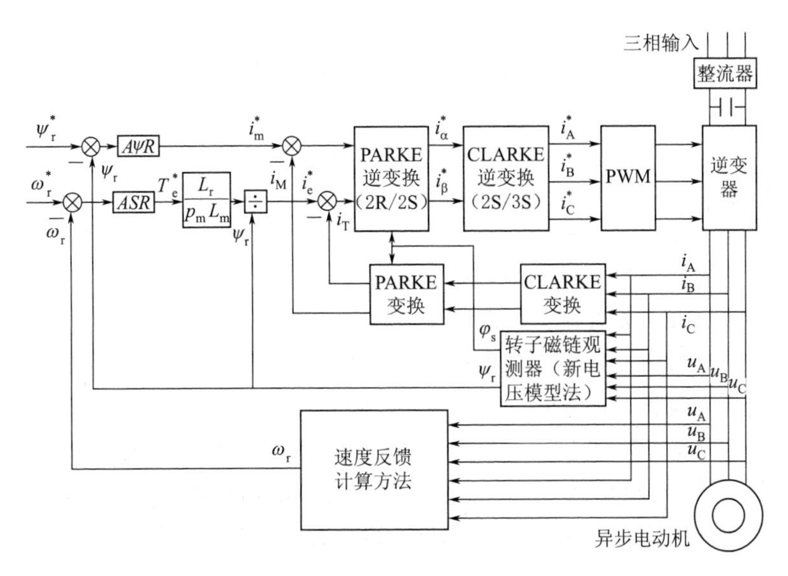

图 9.8　异步电动机无速度传感器矢量控制系统结构图

电压模型算法简单，受电机参数变化影响小，但是低速时观测精确度较低，而且纯积分环节的误差积累和漂移问题严重；传统的电流模型算法不涉及纯积分项，其观测值是渐近收敛的，低速的观测性能强于电压模型算法，但是高速时不如后者，而且受转子时间常数影响较大，常需进行实时辨识才能保证磁链观测精确度。

通常可以将电压模型和电流模型算法结合起来估算转子磁链，对电流模型计算的磁链进行 PI 运算，再用 PI 运算的结果补偿电压模型的磁链，通过调节 PI 参数的值，使电压模型在高速时起主要作用，电流模型在低速时起主要作用，从而克服了电压模型和电流模型算法各自的缺点，提高了估算的准确性。

（2）转速计算。无速度传感器矢量控制系统的转速根据磁链估计模型输出的转子磁链进行估计得到。此外，一般常用的电机转速估计方法有以下几种：

1）直接计算法。

2）基于神经网络的方法。

3）直接状态方程合成法。

4）模型参考自适应方法。

5）基于自适应全阶状态观测器的方法。

6）基于扩展卡尔曼滤波器的方法。

7）高频信号注入法。

3. 实训步骤

（1）按图 9.7 所示，连接变频调速控制系统。

（2）控制类型的设置。

1）电机控制类型的设置。在“1. 变频器菜单”下，选择：1.4 电机控制→电机控制类型→选择“SVCI”

2）给定方式的设置。在“1. 变频器菜单”下，选择：1.6 命令→给定 1 通道→图形终端给定。

3）自整定设置。在“1. 变频器菜单”下，选择：1.4 电机控制→自整定→请求自整定。

4）自整定状态设置。在“1. 变频器菜单”下，选择：1.4 电机控制→自整定状态→电阻已整定。

5）脉冲数量设置。在“1. 变频器菜单”下，选择：1.4 电机控制→脉冲数量→2048。

以上设置完毕后，点击 ESC 按键，进入图形终端频率给定，由旋钮改变频率给定大小，点击 RUN 运行，点击 STOP/RESET 停止。

（3）无速度传感器矢量控制系统静特性的测定。按下 RUN 按键，使异步电动机起动运行，进入图形终端调节给定频率 f 分别至 50Hz、30Hz、15Hz，使三相异步电动机处于空载运行状态，将直流发电机的负载电阻调到最大，调节实验台上左侧的励磁电源，使发电机的励磁电流达到 0.57A 左右，然后逐渐减小负载电阻，将异步电动机达到额定功率输出状态（变频器图形显示终端转矩显示为 100%T），测量异步电动机的转速 n，电流 I_a，转矩 T，逐渐减小发电机励磁电流直到 0A，一共测量 6 组数据，依次填入表 9.5～表 9.7 中。

表 9.5　无速度传感器矢量控制系统静特性的测定数据记录表（$f_{给定}=50\text{Hz}$）

n/(r/min)						
I_a/A						
T/(N·m)						

表 9.6　无速度传感器矢量控制系统静特性的测定数据记录表（$f_{给定}=30\text{Hz}$）

n/(r/min)						
I_a/A						
T/(N·m)						

表 9.7　无速度传感器矢量控制系统静特性的测定数据记录表（$f_{给定}=15\text{Hz}$）

n/(r/min)						
I_a/A						
T/(N·m)						

4. 实验注意事项

（1）必须完成平台外部连线及变频器相关设定后再起动异步电动机。

（2）在异步电动机运行过程中调节电阻时，一定要注意观察异步电动机的定子电流和直流发电机的电枢电流，使之分别不要超过各自的额定电流值。

（3）变频器内的电机额定数值的设定及与此相关的其他参数的设定，一定要和实际使用的电机参数设置保持一致。

9.4.5　实训分析

（1）利用得到的数据绘制系统静特性曲线。

（2）比较转速开环恒压频比控制调速系统和无传感器的矢量控制系统两者的静特性差异。

9.5　带速度传感器矢量调速控制系统操作实训

9.5.1　实训目的

（1）掌握异步电动机带速度传感器矢量控制系统的组成及工作原理。

（2）掌握异步电动机带速度传感器矢量控制系统静、动特性。

（3）掌握数字化测速的原理。

9.5.2　实训设备

（1）QSVVF－1 交流变频调速实验（实训）系统。

（2）施耐德 ATV 71 型变频器。

（3）异步电动机-直流发电机机组。

9.5.3　实训项目

对异步电动机带速度传感器矢量控制系统的静特性的进行测定

9.5.4　实训内容

1. 带速度传感器矢量控制的原理

在无速度传感器矢量控制系统的基础上，采用高精度光电编码器等速度传感器来进行转速检测，并反馈转速信号，以提高交流传动系统的动态特性，构成一种带速度传感器的矢量控制系统。异步电动机带速度传感器矢量控制系统原理如图 9.9 所示。其主要结构是一个带转矩内环的转速、磁链闭环矢量控制系统。

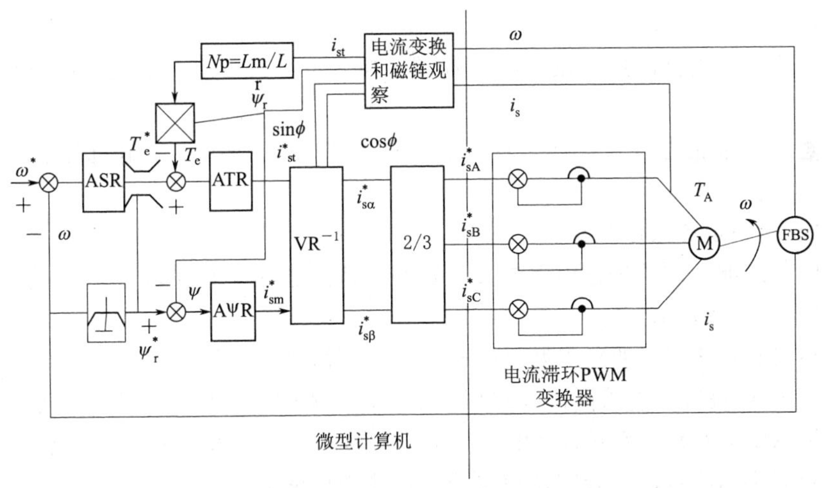

图 9.9　异步电动机带速度传感器矢量控制系统原理图

ASR—转速调节器；AΨR—磁链调节器；ATR—转矩调节器；FBS—测速反馈环节

与之前的无速度传感器矢量调速控制系统类似，研究异步电动机的时候，如果以产生同样的旋转磁动势为准则，在三相坐标系上的定子交流电流 i_A，i_B，i_C 通过三相—两相变换可以等效成两相静止坐标系上的交流电流 i_α 和 i_β，再通过同步旋转变换等效成同步旋转坐标系上的直流电流 i_d 和 i_q。如果观察者站到铁芯上与坐标系一起旋转，其所观察到的便是一台直流电动机。通过控制，可使交流电动机的转子总磁通 Φ_r 等效成直流电动机的励磁磁通，如果把 D 轴定位于 Φ_r 的方向上，称作 M(Magnetization) 轴，把 Q 轴称作 T(Torque) 轴，则 M 绕组相当于直流电动机的励磁绕组，i_m 相当于励磁电流，T 绕组相当于伪静止的电枢绕组，i_t 则相当于与转矩成正比的电枢电流。

这样就可以模拟直流电动机的控制策略，得到直流电动机的控制量，经过相应的坐标反变换。控制异步电动机。如图 9.9 所示，给定和反馈信号（转速、电枢电流）经过类似于直流调速系统中所采用的控制器，产生励磁电流的给定信号 i_{sm}^* 和电枢电流的给定信号 i_{st}^*，经过反旋转变换 VR^{-1} 得到 $i_{s\alpha}^*$ 和 $i_{s\beta}^*$，再经过 2/3 变换得到 i_{sA}^*，i_{sB}^* 和 i_{sC}^*，通过变频器就可以控制和驱动交流电动机。

与无速度传感器矢量控制系统相比，带速度传感器矢量控制系统由于有了更为精确的速度信号的反馈，拥有更准确的静态特性和更灵敏的动态特性。

2. 实训步骤

（1）将三相异步电动机的旋转编码器与面板上的编码器接口相连。

（2）对变频器做如下设置：

1）控制类型的设置。在“1. 变频器菜单”下，选择：1.4 电机控制→电机控制类型→选择“FVC(闭)”。

2）给定方式的设置。在“1. 变频器菜单”下，选择：1.6 命令→给定 1 通道→图形终端给定。

（3）测量突加转速给定时和负载突变时电机转速动态过程。

（4）自整定设置。

1）按如下步骤进行设置：在“1. 变频器菜单”下，选择 1.4 电机控制→自整定→请求自整定。

2）检查自整定状态设置：在“1. 变频器菜单”下，选择 1.4 电机控制→自整定状态→电阻已整定。

（5）系统自整定的操作流程。

1）自整定之前一定要先把电机参数设置好，特别是额定电流 2.8A，因为整定的时候需要加定子电流到额定值。

2）执行自整定之后不要对参数进行改动，否则需要再次整定。

3）按下 ESC 按键，进入图形终端频率给定，由旋钮改变频率给定的大小。

4）按下 RUN 按键，按下 STOP/RESET 按键，变频调速系统停止运转。

5）改变频率的给定值，观察调速系统的转速变化情况。

（6）带速度传感器矢量控制系统静特性的测定。按下 RUN 按键，使三相异步电动机起动运行，进入图形终端调节，给定频率 f 分别至 50Hz、30Hz、15Hz，使异步电动机处于空载运行状态，将直流发电机的负载电阻调到最大，调节实验台上左侧的励磁电源，使发电机的励磁电流达到 0.57A 左右，然后逐渐减小负载电阻，使异步电动机达到额定功率输出状态（变频器图形显示终端转矩显示为：100%T），测量异步电动机的转速 n、电流 I_a、转矩 T，逐渐减小直流发电机的励磁电流直到 0A，一共测量 6 组数据，依次填入表 9.8～表 9.10 中。

表 9.8　带速度传感器矢量控制系统静特性的测定数据记录表（$f_{给定}=50\text{Hz}$）

$n/(\text{r/min})$					
I_a/A					
$T/(\text{N}\cdot\text{m})$					

表 9.9　带速度传感器矢量控制系统静特性的测定数据记录表（$f_{给定}=30\text{Hz}$）

$n/(\text{r/min})$					
I_a/A					
$T/(\text{N}\cdot\text{m})$					

表 9.10　带速度传感器矢量控制系统静特性的测定数据记录表（$f_{给定}=15\text{Hz}$）

$n/(\text{r/min})$					
I_a/A					
$T/(\text{N}\cdot\text{m})$					

7. 注意事项

（1）当完成变频器外部连线，变频器相关设定并检查增量编码器接口卡是否安装后，再起动三相异步电动机。

（2）直流发电机在运行过程中调节励磁电流时，一定注意异步电动机定子电流和发电机电枢电流不要超过各自的额定电流值。

（3）变频器内电机额定数值及与此相关的其他参数的设定，一定要按照实际使用的电机参数进行设置。

（4）自整定要严格按照要求进行。

9.5.5　实训分析

（1）利用得到的数据绘制系统静特性曲线。

（2）比较转速开环恒压频比控制调速系统、无传感器的矢量控制系统及有传感器的矢量控制系统三者之间的静特性差异。

第3篇　电机常用维护技能实习

第10章　维护相关的基础知识

10.1　电机的常见参数

10.1.1　电机的尺寸

按电机结构尺寸分类，可将电机分为大型、中型、小型和微特电机。

（1）采用16号机座及以上，或者机座中心高大于630mm，或者定子铁芯外径大于990mm的，属于大型电机。

（2）采用11～15号机座，或者机座中心高为355～630mm之间，或者定子铁芯外径为560～990mm的，属于中型电机。

（3）采用10号及以下机座，或者机座中心高为80～315mm之间，或者定子铁芯外径为125～560mm的，属于小型电机。

（4）一般不使用机座，直径小于160mm的具有特殊用途和特殊性能的电机，属于微特电机。

10.1.2　电机的电压等级

（1）根据电机的额定电压等级，可以将电机分为高压电机和低压电机。高压电机是指电机的额定电压在1kV以上，常用的是6.3V和10kV；低压电机是指电机的额定电压低于1kV。

（2）高压电机与低压电机相比，其优点如下：

1）可以将电机功率做大，最大可以达到几千千瓦，甚至是几万千瓦。在输出同样的功率时，高压电机的电流比低压电机的电流小很多。高压电机绕组可以用较小的线径。由此，高压电机的定子铜损也会比低压电机小。

2）对于较大容量的电机，高压电机所使用的电源和配电设备比低压电机总体投资要少，并且线路损耗小，可以节省一定量的耗电。

（3）高压电机与低压电机相比，其缺点如下：

1）绕组的成本相对较高，相关的绝缘材料的成本也会随之变高。

2）对使用环境的要求远远高于低压电动机对环境的要求。

3）处理绝缘工艺较难，工时费时较多，电机制造周期较长。

10.1.3　电机的外壳防护等级

防护等级的标志由表征字母IP及附加在其后的两个表征数字组成。当只需用一个表征数字表示某一防护等级时，被省略的数字应以字母X代替，例如IPX5或

IP2X。当防护的内容有所增加，可由第 2 位数字后的补充字母表示。如果用到一个以上的字母，则按字母的顺序排列。对具有特殊应用的电机（如安装在船舶甲板上的开路冷却电机，当电机停车时，进、出风口都是关闭的），数字后可加一个字母，表示为防止进水引起有害影响的试验是在电机静止（用字母“S”表示）或运转（用字母“M”表示）的状态下进行。在这种情况下，电机任一状态下的防护等级均应标明，例如 IP55S/IP20M。如无字母 S 和 M，则表示所规定的防护等级在所有正常使用条件下都适用。

10.1.4　电机的冷却方式

冷却方法代号的内容规定如下：

（1）电机冷却方法代号主要由冷却方法标志（IC）、冷却介质的回路布置代号、冷却介质代号以及冷却介质运动的推动方法代号所组成，即：IC＋回路布置代号＋冷却介质代号＋推动方法代号。

（2）冷却方法标志代号是英文国际冷却（International Cooling）的字母缩写，用 IC 表示。

（3）冷却介质的回路布置代号用特征数字表示，主要采用的有 0、4、6、8 等，其含义见表 10.1。

表 10.1　　电机冷却介质的回路布置代号表

特征数字	含　义	简　述
0	冷却介质从周围介质直接自由吸入，然后直接返回到周围介质（开路）	自由循环
4	初级冷却介质在电机内的闭合回路内循环，并通过机壳表面把热量传递到周围环境介质，机壳表面可以是光滑的或带肋的，也可以带外罩以改善热传递效果	机壳表面冷却
6	初级冷却介质在闭合回路内循环，并通过装在电机上面的外装式冷却器把热量传递给周围环境介质	外装式冷却器（用周围环境介质）
8	初级冷却介质在闭合回路内循环，并通过装在电机上面的外装式冷却器把热量传递给远方介质	外装式冷却器（用远方介质）

（4）冷却介质代号的含义见表 10.2。

表 10.2　　电机冷却介质代号表

冷却介质	特征代号	冷却介质	特征代号
空气	A	二氧化碳	C
氢气	H	水	W
氮气	N	油	U

如果冷却介质为空气，则描述冷却介质的字母 A 可以省略，一般情况下电机所采用的冷却介质均为空气。

（5）冷却介质运动的推动方法，常用的有以下四种模式，见表 10.3。

表 10.3　冷却介质运动的推动方法代号表

特征数字	含　义	简　述
0	依靠温度差促使冷却介质运动	自由对流
1	冷却介质运动与电机转速有关，或因转子本身的作用，也可以是由转子拖运的整体风扇或泵的作用，促使介质运动	自循环
6	由安装在电机上的独立部件驱动介质运动，该部件所需动力与主机转速无关，例如背包风机或风机等	外装式独立部件驱动
7	与电机分开安装的独立的电气或机械部件驱动冷却介质运动，或是依靠冷却介质循环系统中的压力驱动冷却介质运动	分装式独立部件驱动

10.1.5　电机的工作制

电机工作制的分类是对电机承受负载情况的说明，包括启动、电制动、空载、断能停车等，以及这些阶段的持续时间和先后顺序，工作制分以下 10 类：

（1）S1 连续工作制。在恒定负载下的运行时间足以达到热稳定。

（2）S2 短时工作制。在恒定负载下按给定的时间运行，该时间不足以使电机达到热稳定，随之即断能停车足够时间，使电机再度冷却到与冷却介质温度之差在 2K（开氏度）以内。

（3）S3 断周续工作制。按一系列相同的工作周期运行，每一周期包括一段恒定负载运行时间和一段断能停车时间。这种工作制中的每一周期的起动电流不会对温升产生显著影响。

（4）S4 包括起动的断续周期工作制。按一系列相同的工作周期运行，每一周期包括一段对温升有显著影响的起动时间、一段恒定负载运行时间和一段断能停车时间。

（5）S5 包括电制动的断续周期工作制。按一系列相同的工作周期运行，每一周期包括一段起动时间、一段恒定负载运行时间、一段快速电制动时间和一段断能停车时间。

（6）S6 连续周期工作制。按一系列相同的工作周期运行，每一周期包括一段恒定负载运行时间和一段空载运行时间，但无断能停车时间。

（7）S7 包括电制动的连续周期工作制。按一系列相同的工作周期运行，每一周期包括一段起动时间、一段恒定负载运行时间和一段快速电制动时间，但无断能停车时间。

（8）S8 包括变速变负载的连续周期工作制。按一系列相同的工作周期运行，每一周期包括一段在预定转速下恒定负载运行时间，和一段或几段在不同转速下的其他恒定负载的运行时间，但无断能停车时间。

（9）S9 负载和转速非周期性变化工作制。负载和转速在允许的范围内变化的非周期工作制。这种工作制包括经常过载，其值可远远超过满载。

（10）S10 离散恒定负载工作制。电机可以运行直至热稳定，包括不少于 4 种离散负载值（或等效负载）的工作制，每一种负载的运行时间应足以使电机达到热稳定，在一个工作周期中的最小负载值可为 0。

10.1.6　电机的常用特殊环境代号

电机的常用特殊环境代号有：W（户外型）、WF1（户外防中等腐蚀型）、WF2（户外防强腐蚀型）、F1（户内防中等腐蚀型）、F2（户内防强腐蚀型）、TH（湿热带型）、WTH（户外湿热带型)、TA(干热带型)、T(干、湿热合型)、H(船或海用)、G(高原用)。

10.1.7　电机的绝缘等级与允许温升

1. 绝缘等级的定义

电机中用来使器件在电气上绝缘的材料称绝缘材料，而电机的绝缘等级的定义是指所使用的这些绝缘材料的耐热等级，绝缘材料的耐热等级表示绝缘结构的最高允许工作温度，并在此温度下它能在预定的使用期内维持其性能，在允许的范围内及其所分的耐热等级。绝缘材料耐热等级一般分为 Y 级 90℃、A 级 100℃、E 级 120℃、B 级 130℃、F 级 155℃、H 级 180℃和 H 级以上七个等级。电机中不同耐热等级的绝缘材料有着不同的最高允许工作温度。最高允许工作温度是指在此温度下长期使用时，绝缘材料的物理、机械、化学和电气性能不发生显著恶性变化，如超过此温度，则绝缘材料的性能发生质变或引起快速老化。

2. 允许温升的定义

允许温升是指与周围环境温度相比电机温度升高的限度。根据经验，A 级材料在105℃、B 级材料在 130℃的情况下寿命可达 10 年，但在实际情况下环境温度和温升均不会长期达到设计值，因此一般寿命为 15～20 年。如果运行温度长期超过材料的极限工作温度，则绝缘材料的老化加剧，寿命严重缩短。所以电机在运行中，温度和温升是影响其正常工作寿命的主要因素之一。

10.1.8　电机的旋转方向和线端标识

1. 电机旋转方向标识

对于只有一个轴伸或有两个不同直径轴伸的电机，其旋转方向是从轴伸端或从大直径轴伸端看的转子旋转方向。如果电机有两个直径相同的轴伸或没有轴伸，则根据如下规则判断旋转方向：

(1) 如果一端有换向器或集电环，则应站在无换向器或集电环端看旋转方向。

(2) 如果一端有换向器，另一端有集电环，则应站在集电环端看旋转方向。

各类型电机的旋转方向应符合其执行标准中的相关规定，应在电机的明显位置标有电机的固定旋转方向标志——红色箭头所示的旋转方向。

2. 三相交流电机线端标识

三相交流电机产品的电缆线芯线在用户接线端的芯线上应标有符合 GB 1971 标准规定的线端标识，在接入相应相序的电源时，电机的旋转方向正确。三相交流电机线端接线标识一般按顺序由数字、英文大写特征字母、数字三部分组成。

(1) 产品采用一根动力电源电缆线时，电缆线其三相芯线标识应分别为 U、V、W 标识。对应的电缆芯线颜色为：蓝色、黑色、棕色。

(2) 产品采用两根动力电源电缆线时：

1) 当电机三相绕组引出为六个端头时，其中一根电缆的三相芯线标识应分别为 U1、V1、W1，对应的电缆芯线颜色为蓝色、黑色、棕色。另一根电缆线其三相芯线标识应分别为 U2、V2、W2，对应的电缆芯线颜色为蓝色、黑色、棕色。

2) 当电机三相绕组引出为三个端头时，其中一根电缆的三相芯线标识应分别为 U1-1、V1-1、W1-1，对应的电缆芯线颜色为蓝色、黑色、棕色。另一根电缆线其三相芯线标识应分别为 U1－2、V1－2、W1－2，对应的电缆芯线颜色为蓝色、黑色、棕色。产品采用三根动力电源电缆线时，第三根电缆线其三相芯线标识应分别为 U1－3、V1－3、W1－3，对应的电缆芯线颜色为蓝色、黑色、棕色。

10.1.9　电机的防爆等级

1. 防爆电机的概念

防爆电机是一种可以在易燃易爆厂所使用的电机，运行时不产生电火花。防爆电机主要用于煤矿、石油天然气、石油化工和化学工业。此外，在纺织、冶金、城市煤气、交通、粮油加工、造纸、医药等部门也被广泛应用。防爆电机作为主要的动力设备，通常用于驱动泵、风机、压缩机和其他传动机械。电机按防爆原理可分为：隔爆型电机、增安型电机、正压型电机、无火花型电机及粉尘防爆电机等。

2. 电机防爆等级划分

电机防爆等级由以下 3 部分的规定组成：

（1）在爆炸性气体区域（0 区、1 区、2 区）不同电气设备使用安全级别的划分。如旋转电机选型分为隔爆型（代号 d）、正压型（代号 p）、增安型（代号 e）、无火花型（代号 n）。

（2）气体或蒸气爆炸性混合物等级的划分，分为ⅡA、ⅡB、ⅡC 三种，这些等级的划分主要是依照最大试验安全间隙（MESG）或最小点燃电流（MICR）来区分的。

（3）由引燃某种介质的温度来进行划分。主要分为以下 6 种等级：T1：450℃$<T$，T2：300℃$<T\leqslant$450℃，T3：200℃$<T\leqslant$300℃，T4：135℃$<T\leqslant$200℃，T5：100℃$<T\leqslant$135℃，T6：85℃$<T\leqslant$100℃。

10.2　电机维护常用检测仪表及其使用

10.2.1　数字式万用表

与模拟式万用表相比，数字式万用表灵敏度高、准确度高、显示清晰、过载能力强、便于携带、使用更简单。一种数字式万用表的外形如图 10.1 所示。

图 10.1　一种数字式万用表的外形图

1. 使用方法

（1）使用前，应认真阅读使用说明书，熟悉电源开关、量程开关、插孔、特殊插口的作用。

（2）将电源开关置于 ON 位置。

（3）交直流电压的测量。根据需要将量程开关拨至 DCV（直流）或 ACV（交流）的合适量程，红表笔插入 V/Ω 孔，黑表笔插入 COM 孔，并将表笔与被测线路并联，读数即可显示。

（4）交直流电流的测量。将量程开关拨至 DCA（直流）或 ACA（交流）的合适量程，红表笔插入 mA 孔（$<$200mA 时）或 10A 孔（$>$200mA 时），黑表笔插入 COM 孔，将万用表串联在被测电路中即可。测量直流量时，数字式万用表能自动显示极性。

（5）电阻的测量。将量程开关拨至 Ω 的合适量程，红表笔插入 V/Ω 孔，黑表笔插入 COM 孔。如果被测电阻值超出所选择量程的最大值，万用表将显示“1”，这时应选择更高的量程。测量电阻时，红表笔为正极，黑表笔为负极，这与指针式万用表正好相反。因此，测量晶体管、电解电容器等有极性的元器件时，必须注意表笔的极性。

2. 使用注意事项

（1）如果无法预先估计被测电压或电流的大小，则应先拨至最高量程档测量一次，再视情况逐渐把量程减小到合适位置。测量完毕，应将量程开关拨到最高电压挡，并关闭电源。

（2）满量程时，仪表仅在最高位显示数字“1”，其他位均消失，这时应选择更高的量程。

（3）测量电压时，应将数字式万用表与被测电路并联。测电流时应与被测电路串联，测直流量时不必考虑正、负极性。

（4）当误用交流电压挡测量直流电压，或者误用直流电压挡测量交流电压时，显示屏将显示“000”，或低位上的数字出现跳动。

（5）严禁在测量高电压（220V 以上）或大电流（0.5A 以上）时换量程，防止产生电弧，烧毁开关触点。

（6）当显示“BATT”或“LOW BAT”时，表示需要更换电池。

10.2.2　钳形表

1. 工作原理

通常用普通电流表测量电流时，需要将电流切断后才能进行测量，较为麻烦，有时正常运行的电动机不允许这样做。此时，使用钳形电流表就会更加方便，可以在不切断电路的情况下直接测量电流。一种钳形电流表的外形如图 10.2 所示。

钳形电流表由电流互感器和电流表组合而成。电流互感器的铁芯在捏紧扳手时可以张开；被测电流所通过的导线不必切断就可穿过铁芯张开的缺口，当放开扳手后铁芯闭合。穿过铁芯的被测电路导线成为电流互感器的一次线圈，其中通过电流便在二次线圈中感应出电流。从而二次线圈相连接的电流表可以测出被测线路的电流。钳形电流表可以通过转换开关的拨挡改换不同的量程。但拨挡时不允许带电操作。钳形电流表一般准确度不高，通常为 2.5～5 级。为了使用方便，表内还有不同量程的转换开关，具备测量不同等级电流和测量电压的功能。

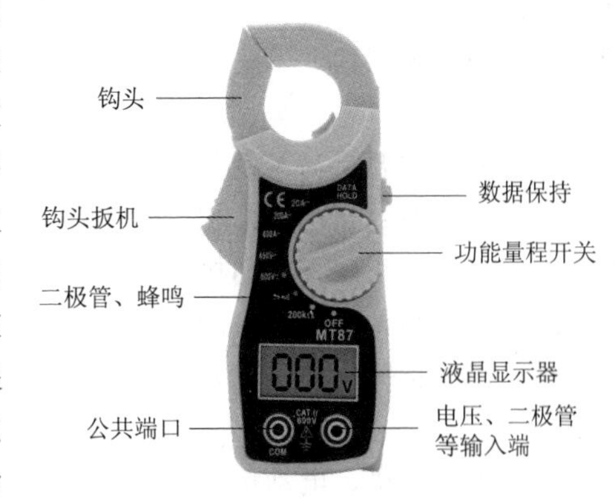

图 10.2　一种钳形电流表的外形图

2. 使用方法

（1）在使用钳形电流表前应仔细阅读说明书，弄清是交流还是交直流两用钳形电流表。

（2）被测电路电压不能超过钳形电流表上所标明的数值，否则容易造成接地事故，或者引起触电危险。

（3）钳形电流表每次只能测量一相导线的电流，被测导线应置于钳形窗口中央，不可以将多相导线都夹入窗口测量。

（4）使用高压钳形电流表时应注意钳形电流表的电压等级，严禁用低压钳形电流表测量高电压回路的电流。用高压钳形电流表测量时，应由两人操作，非值班人员测量还应填写第二种工作票，测量时应戴绝缘手套，站在绝缘垫上，不得触及其他设备，以防止短路或接地。

（5）观测钳形电流表读数时，要特别注意保持头部与带电部分的安全距离，人体任何部分与带电体的距离不得小于钳形电流表的整个长度。

（6）在高压回路上测量时，禁止用导线从钳形电流表另接表计测量。测量高压电缆各相电流时，电缆头线间距离应在 300mm 以上，且绝缘良好，待认为测量方便时，方能进行测量。

3. 钳形电流表使用注意事项

（1）被测线路的电压要低于钳形电流表的额定电压。

（2）测量低压可熔保险器或水平排列低压母线电流时，应在测量前将各相可熔保险或母线用绝缘材料加以保护隔离，以免引起相间短路。

（3）钳口要闭合紧密不能带电换量程。

（4）当电缆有一相接地时，严禁测量。防止出现因电缆头的绝缘水平低而发生对地击穿爆炸，危及人身安全。

（5）测高压线路的电流时，要戴绝缘手套，穿绝缘鞋，站在绝缘垫上。

（6）钳形电流表测量结束后把开关拨至最大程挡，以免下次使用时不慎过流，并应保存在干燥的室内。

10.2.3　相序测试仪

1. 工作原理

核对相序主要是为了发电机和电动机的正常工作。三相异步电动机、同步电动机转向是否正确与电源的相序紧密相关。当使用三相交流电动机时，需要知道所连接三相电源的相序，若相序不正确，电动机的旋转方向将与所需的相反，从而导致安全事故。同步发电机并网前，必须做核对相序的试验，相序不对，发电机是无法并网的，强行并网会造成设备损坏。相序指相位的顺序，是三相交流电的瞬时值从负值向正值变化经过零值的依次顺序。

对同步发电机、电动机的转子，按出厂要求的正、负极接入励磁电流，检查发电机、电动机的定子引出线中的 A、B、C 相，按次序向电网端核对，同时找出调换相序的地方，如果电网的相色正确，核相成功的概率就大。对于异步电动机核相，通电看转动方向即可确定相序。

确定三相电源的相序可以采用专门的相序测试仪进行判定。相序仪是一种新型检测仪器，可检测 500V 以下（包括 100V 和 380V）和 3kV 及以上高电压等级（包括 10kV、35kV、110kV 及 220kV）三相电压的相序，即检测三相电压 A、B、C 的相序。相序测试仪的外形如图 10.3 所示。

2. 使用方法

实际检测相序时，将仪器的三条线分别接电源的三条相线，接通电源。常采用正、反指示灯式的相序仪，如果此时正的灯比反的灯亮，则说明电源相序与相序仪接线一致，如果反的灯比正的灯亮，则说明电源相序与相序仪接线相反。

3. 使用注意事项

相序仪在使用过程中要严格按照流程操作并注意安全，具体注意事项如下：

(1) 相序仪接线的两端分别用绝缘管插孔进行连接。

(2) 在操作前，用万用表检查仪表线是否联通，仪表与绝缘管一定要接触良好，并接牢，仪表接地要接触良好，并接牢。

(3) 检验相序时，三人操作，一人监护；在操作时，人体不得接触仪表及仪表线，并保持安全距离。仪表线不得与外壳（地）接触并保持安全距离。

10.2.4　绝缘电阻表

绝缘电阻用绝缘电阻表（也称兆欧表）进行测量。绝缘电阻表用于测量电气元件的绝缘电阻数值，其显示数值单位为兆欧（MΩ），传统的绝缘电阻表为指针式，用内装的手摇式发电机供给测量电压，所以俗称为摇表，测量绝缘电阻时也经常称为摇绝缘。新型的绝缘电阻表利用内部的电子电路将内装电池的直流电压（一般在 9V 以下）提高到所需的高电压，如图 10.4 所示。

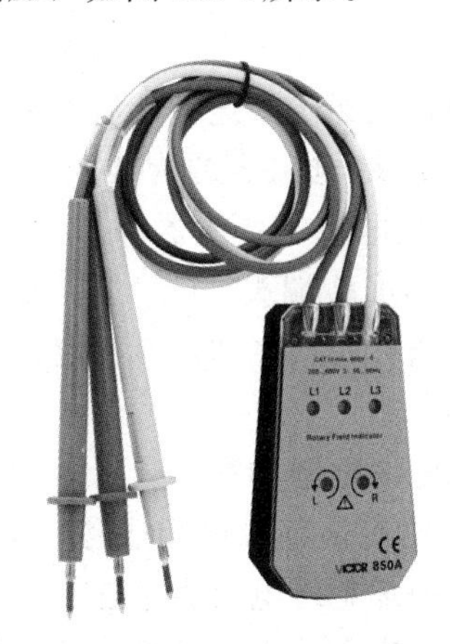

图 10.3　一种相序测试仪外形图

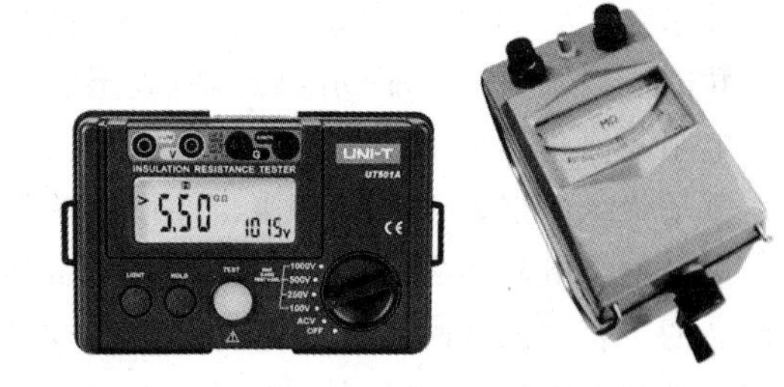

图 10.4　数字式和手摇式绝缘电阻表外形图

绝缘电阻表的规格一般按照表 10.4 进行选择。

表 10.4　绝缘电阻表常用规格表

电机额定电压/V	≤36	>36～500	500～3300	>3300
绝缘电阻表规格/Ω	250	500	1000	≥2500

1. 分类

(1) 指针式兆欧表。指针式兆欧表是由一台手摇直流发电机和电磁式比率表组成。指针式兆欧表的测量机构是电磁式比率表，由磁路、电路、指针等部分组成。磁路部分由永久磁铁、极掌、圆柱形铁芯等构成。电路部分由两个可动的线圈构成。可动线圈成丁字形交叉放置，且共同固定在转动轴上。当通入电流后，两个可动线圈内部的电流方向相反。手摇直流发电机一般由发电机、摇动手柄、传动齿轮等组成。发电机的容量很小，但能产生较高的电压。常见的电压等级有100V、250V、500V、1000V、2500V等，量程上限达2500MΩ。指针式兆欧表应用广泛，但操作费力，测量准确度低（受手摇速度、刻度非线性、倾斜角度影响），输出电流小，抗冲击能力弱，不适合测量变压器等大型设备。但因其价格低廉，仍有一定市场。

（2）数字式绝缘电阻表。数字式绝缘电阻表与以往的指针式兆欧表有很大不同，一块表有两个或两个以上的输出电压、有两个以上的输出短路电流，可以根据不同的试品对电流和电压进行相应的调整，可以显示时间、绝缘电阻值，吸收比和极化指数进行计算后显示，上述数据可在机器内记录存储。数字式绝缘电阻表还有放电回路，能自动对被试品放电，不怕被试品电流反击。测试电压在5000V以上，达到10000V，甚至15000V，可直接读取吸收比和极化指数，测量上限达到100TΩ以上，有自放电回路，抗反击能力强，在电力系统得到广泛应用。

2. 测量过程

（1）测量前，断开被试品的电源，拆除或断开被试品对外的一切连线，并将其接地放电。

（2）用干燥、清洁、柔软的布擦去被试品表面的污垢，必要时可先用汽油或其他适当的去垢剂洗净表面的积污。

（3）将绝缘电阻表平稳地放置在干燥处，驱动绝缘电阻表达额定转速，然后将被试品的接地端接于绝缘电阻表的接地端头“E”上，测量端接于绝缘电阻表的火线端头“L”上。如果被试品表面的泄漏电流较大，对重要的被试品（如发电机、变压器等），为避免表面泄漏的影响，必须加以屏蔽。屏蔽线应接在绝缘电阻表的屏蔽端头“G”上，接好线后，火线暂时不接被试品，驱动绝缘电阻表至额定转速，其指针应指在“∞”标度线。然后使绝缘电阻表停止转动，将火线接至被试品。

（4）驱动绝缘电阻表至额定转速，待指针平稳后，读取绝缘电阻的数值。

（5）读取绝缘电阻值之后，先断开接至被试品的火线，然后使绝缘电阻表停止运转，以免被试品的电容在测量时所充的电荷经绝缘电阻表放电而损坏绝缘电阻表，这一点在测试大电容设备时更应注意。此外，也可在火线端与被试品之间串入一支二极管，其正端与绝缘电阻表的火线相接，这样不先断开火线也能有效保护绝缘电阻表。

（6）在湿度较大的条件下测量时，可在被试品表面加等电位屏蔽。此时在接线上要注意，被试品上的屏蔽环应接近加压的火线，远离接地部分，减少屏蔽对地的表面泄漏，以免造成绝缘电阻表过载。屏蔽环可用保险丝或软铜线紧缠几圈做成。

3. 使用注意事项

（1）为避免施加过高的直流电压引起被试品的绝缘损伤，一般绝缘电阻表的额定电压不太高，使用时应根据不同的电压等级选用。

（2）在高压绝缘上使用的绝缘方法，大部分是夹层绝缘（如变压器、电缆、电机等）。在直流电压作用下产生多种极化。极化过程需要一定时间，通常要求在加压1min后，再去读取绝缘电阻表指示的值，才能代表真实的绝缘电阻值。

（3）不同类型的绝缘电阻表，其负载特性不同。对于同一被试品，用不同型号的绝缘电阻表测出的结果有一定差异。所以在测量时应选择容量足够、在测量绝缘电阻范围负载特性平稳的绝缘电阻表，才能得到正确的结果。

（4）在测量绝缘电阻前后，必须将被试设备对地放电。电容量较大的被试品（如发电机、大中型变压器、电缆、电容等），要利用绝缘工具（如绝缘棒、绝缘钳等）进行充分放电。不得用手直接接触放电导线。

（5）测量用的电阻导线，应有良好绝缘，其端部应有绝缘套。试验时接线不要交叉，测量人员手不要触及导线。

（6）在测量绝缘电阻时，必须将被测设备断开，经测试确认无电压后，并确认设备无人工作后，方可进行。测量时禁止他人接近设备。

（7）在带电设备附近测量绝缘电阻时，测量人员和绝缘电阻表的安放位置必须选择适当，并保持安全距离，以免绝缘电阻表引线或引线支持物触碰带电部分。移动引线时，必须注意监护，防止工作人员误触电。

（8）摇动绝缘电阻表时，转速应基本保持恒定，切忌忽快忽慢。

（9）当测量电气设备对地绝缘时，必须保证绝缘电阻表的“E”端接地。

10.2.5　绕组短路侦察器

在检修电动机过程中，为了检查绕组匝间短路，必须使用短路侦察器进行检查。

1. 工作原理

短路侦察器的结构相当于一个开口变压器，铁芯用 0.35mm 或 0.5mm 厚的硅钢片冲成 H 形，也可以用小型变压器铁芯式或废旧日光灯镇流器的铁芯改制，两边用 1.5～2mm 厚的钢板压紧固定。铁芯上绕有线圈。短路侦查器的上部和下部都做成圆弧形，这些圆弧与被测电动机的定子内圆和转子外圆基本吻合。H 形绕组短路侦查器见图 10.5 所示。

用短路侦察器检查定子绕组匝间短路的方法如下：检查时定子绕组不接电源，把短路侦察器的开口部分放在被检查的定子铁芯槽口上。如图 10.6 所示。

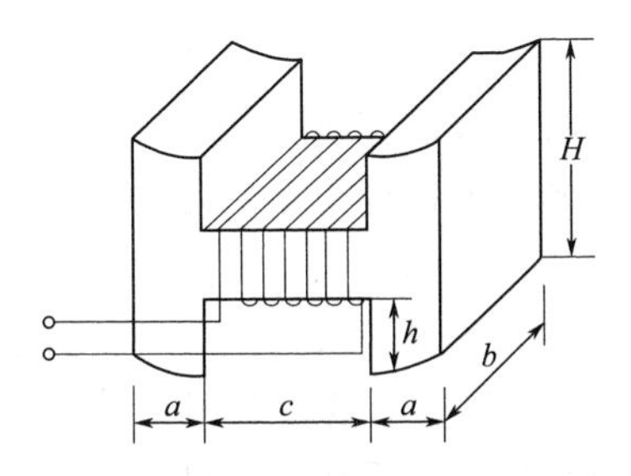

图 10.5　H 形绕组短路侦察器实物图

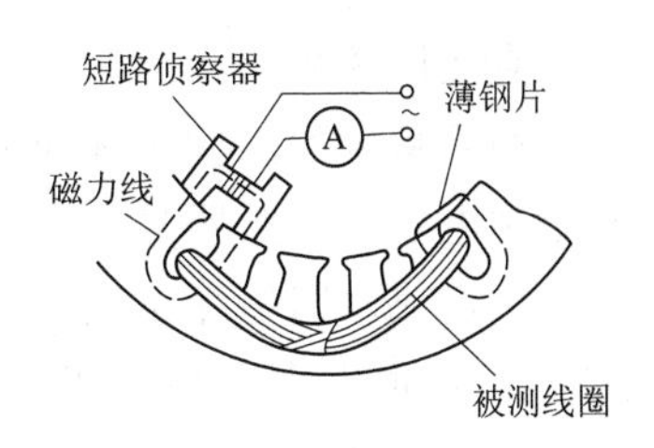

图 10.6　用短路侦察器检查线圈的匝间短路原理示意图

短路侦察器线圈的两端接到单相交流电源上（最好用低压电源）。这样，短路侦察器的线圈与图 10.6 上槽中的线圈组成变压器的原、副绕组，图上的虚线就是此变压器中的磁通，当线圈中不存在匝间短路时，相当于一个空载变压器，电流表的读数较小；如果线圈中有匝间短路，就相当于一个短路变压器，电流表上的读数就会增大。被测线圈的另一条有效边所处的槽上，由短路线圈产生了磁通，经过钢片形成回路，把钢片吸附在定子铁芯上，并发出吱吱的响声。把短路侦察器沿定子铁芯逐槽移动检查，可检查出存在匝间短路故障的线圈。

2. 使用注意事项

（1）如果电动机绕组接成三角形接法，则要将三角形拆开，不能闭合。

（2）绕组是多路并联时，要拆开并联支路。

（3）如果是双层绕组，被测槽中有两个线圈，分别隔一个线圈节距跨于左右两边，若电流表上读数增大，要把薄钢片在左右两边对应的槽上都试一下，以确定槽中两个线圈存在匝间短路。

10.2.6　匝间冲击耐压试验仪

电机绕组首尾之间的直流电阻和工频阻抗远小于其层与层、匝与匝之间绝缘电阻，在电机生产过程中不慎引起绝缘层的损伤，或者在使用过程中漆包线的绝缘涂敷层逐渐老化，都会造成线圈层间或匝间绝缘层的绝缘强度下降，引发电机的损坏甚至烧毁。因此，需要使用匝间冲击耐压试验仪对电机进行匝间耐冲击电压试验，即对绕组中线圈层与层、匝与匝之间的绝缘进行测试。一种匝间冲击耐压试验仪的外形如图 10.7 所示。

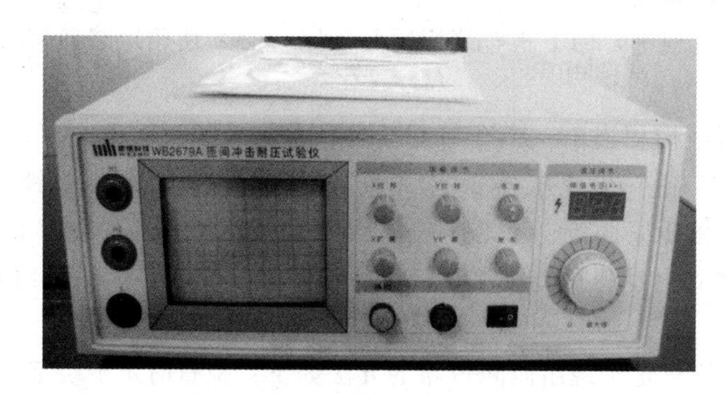

图 10.7　一种匝间冲击耐压试验仪外形图

1. 工作原理

当线圈发生直接固体短路故障时，会形成短路匝，将明显改变线圈的电感、电容和电阻，对尚有一定绝缘程度的匝间绝缘薄弱点，在没有达到会使薄弱点击穿而暴露之前，其绕组电感、电阻和电容基本无明显变化，因而无法观察故障。当试验电压超过绝缘薄弱点的耐压值时，就会造成匝间绝缘击穿，产生火花放电，伴有放电声和臭氧，同时电感 L、电容 C 和电阻 R 的数值发生明显改变，因而会改变冲击试验电压波在绕组中的衰减振荡频率和衰减速率。匝间冲击耐压试验仪就是以上述原理为依据，采用脉冲波形比较法来检验阻抗对称、平衡情况的。即具有一定波前时间和规定峰值的脉冲电压施加于被试品和参照品上，利用脉冲电压在两者中引起衰减波形差异来区别电机绕组间绝缘故障，其差异程度反映了绕组匝间绝缘故障严重程度。由于施加的高压脉冲波时间短，能量小，故可以认为是无损试验。该方法具有电路简单、操作方便，对试验对象直接加压，数据准确、试验品与标准品的可比性强等优点。

2. 操作方法

（1）取出电源线插入后面板电源线接插座，将电源线接通电源。

（2）合上电源开关，开关指示灯亮，在示波屏上可看到一条水平亮线（扫描线）。

（3）根据环境亮度调节亮度旋钮与聚焦旋钮，使示波屏的亮度适中，扫描线清晰。

（4）将高压调节旋钮逆时针调到底。

（5）按下高压启动按钮，该按钮指示灯微亮，约 4 分钟后灯增亮。

（6）取出脚踏开关插入高压输出控制插座。

（7）把高电位输出端 H_1、高电位输出端 H_2 与低电位输出端 L 三根输出线根据试验要求与被试品进行连接。

（8）220V 交流电源经定时或脚踏开关控制加到调压器上就可进行冲击耐压试验。根据对产品要求确定试验电压，逐渐调节高压调节旋钮使电压升到试验电压值。高压发生器通过被触发的可控硅，再经高压切换开关，交替地施加在参考件和被测件上。为获取被测件的响应振荡波形，在被测件的两端经电容分压把适当的电压幅值波形加到示波管的 Y 轴的偏转板上，从而在示波管上显示出两个波形，以便操作员进行比较。如匝间绝缘良好，则波形重合。如匝间绝缘故障，波形就会错位。

（9）切断电压，卸下被试品。

（10）对各种电机的试验方法，按照 JB/Z 294—87《交流低压电机散嵌绕组匝间绝缘试验方法》标准执行。试验电压值，按照 JB/Z 346—89《交流低压电机散嵌绕组匝间绝缘试验限值》标准选定试验电压 U_T。试验电压 $U_T \geqslant 1.4(2Ue+1000)$V，$Ue$ 为额定工作电压。

3. 使用注意事项

（1）试验仪内带高压，在通电时应确保仪器外壳良好接地。

（2）切勿将试验仪放在高温潮湿、尘埃过多及腐蚀性地方。

（3）当要检查试验仪内部时，应关闭电源。

（4）在搬动和使用时应避免强烈振动及机械冲击。

（5）高压输出线磨损时，应及时换新，高压输出线的绝缘外皮应能承受足够的电压。

（6）进行试验时，屏幕上出现电晕放电、打火等不正常波形时，不要长时间保持高压。

（7）如听到机内有异常放电声音时，应暂停试验，关断电源后进行检查，排除后才可继续进行。

10.2.7　电机测振仪

1. 工作原理

当电机负载不均衡或长时间运行后，轴承损坏导致振动幅度逐渐变大，所以对电机的振动测试可以有效评估电机的工作状态，电机振动会加速电机轴承磨损，使轴承的正常使用寿命大大缩短，且在工作时会发出很大的噪声。同时，电机振动将使绕组绝缘下降。电机的振动测试可以有效地检查电机当前的工作状态，评估电机的工作性能。

电机和其他机械设备一样，在运行中存在能量、热量、磨损、振动等物理和化学参数的变化，这些信息的变化直接或间接反映电机的运行状况，测量电机的振动值能有效的诊断出电机的故障。

测振仪也叫测振表振动分析仪或者测振笔，是利用石英晶体和人工极化陶瓷（PZT）的压电效应设计而成。结构形式大致有两种：压缩式；剪切式。当石英晶体或人工极化陶瓷受到机械应力作用时，其表面就产生电荷，所形成的电荷密度的大小与所施加的机械应力的大小成严格的线性关系。同时，所受的机械应力在敏感质量一定的情况下与加速度值成正比。在一定的条件下，压电晶体受力后产生的电荷与所感受的加速度值成正比。采用压电式加速度传感器，把振动信号转换成电信号，通过对输入信号的处理分析，显示出振动的加速度、速度、位移值。

2. 电机振动的诊断类型

（1）异常诊断。使用便携式测振仪对电机进行振动测量能有效地对电机的运行状况做出概括性的评价，对电机的早期故障进行诊断和趋势控制。如果结果正常，则不对电机做进一步诊断；反之，需对电机进行精密诊断。

（2）故障状态和部位诊断。此为精密诊断，一般采用振动传感器对电机的振动状态信息进行拾取、储存，对电机的振动频谱进行分析，分离出与故障有关的信息，准确判断电机振动的故障状态和部位。

（3）故障类型和原因分析。一般使用故障特征库或专家系统对振动进行分析，准确查找电机的振动部位和振动原因。

3. 被测电机安装和振动测试点配置

为了提高电机震动的测量精度，不引入其他的震动干扰信号，应保证电机安装在一个非常牢固的平台之上。原则上对轴中心高度不超过 450mm 的电机可以选择弹性安装，对轴中心高度超过 450mm 的电机应采用刚性安装。

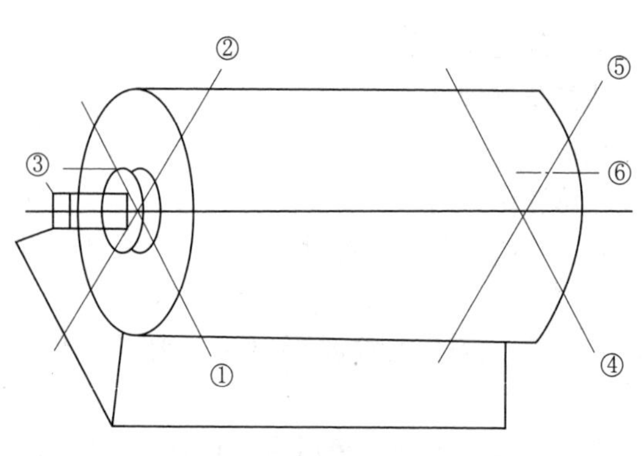

图 10.8　传感器安装点配置图

振动测试时固定转速交流电机在符合标准的正弦波、额定电压下测量。一般电机的测试点为 6 个点，传感器具体的安装位置如图 10.8 所示，传感器及其安装附件的总重量应小于电机毛重的 1/50。

4. 试验方法

（1）测振表测点选择。利用测振表对主要设备的轴承及轴向端点进行测试，并配有现场检测记录表，每次的测点必须相互对应。

（2）测量周期。在设备刚刚大修后或接近大修时，需两周测一次；正常运行时一个月测一次；如遇所测值与上一次测值有明显变化时，应加强测试密度，以防突发事故而造成故障停机。

10.2.8 声级计

1. 工作原理

声级计是一种按照一定频率计权和时间计权测量声音声压级和声级的仪器。它是声学测量中最常用的仪器，能把工业噪声、交通噪声、环境噪声和生活噪声等按人耳听觉特性近似地测定噪声级。一种声级计的实物如图 10.9 所示：

声级计的工作原理是：由传声器将声音转换成电信号，再由前置放大器变换阻抗，使传声器与衰减器匹配。放大器将输出信号加到计权网络，对信号进行频率计权（或外接滤波器），再经衰减器及放大器将信号放大到一定的幅值，送到有效值检波器（或外按电平记录仪），在指示表头上给出噪声声级的数值。为了模拟人耳听觉在不同频率（20～20kHz）有不同的灵敏性，在声级计内设有一种能够模拟人耳的听觉特性，把电信号修正为与听感近似值的网络，这种网络称为计权网络。通过计权网络测得的声压级已不再是客观物理量的声压级（即线性声压级），而是经过听感修正的声压级，称为计权声级或噪声级。

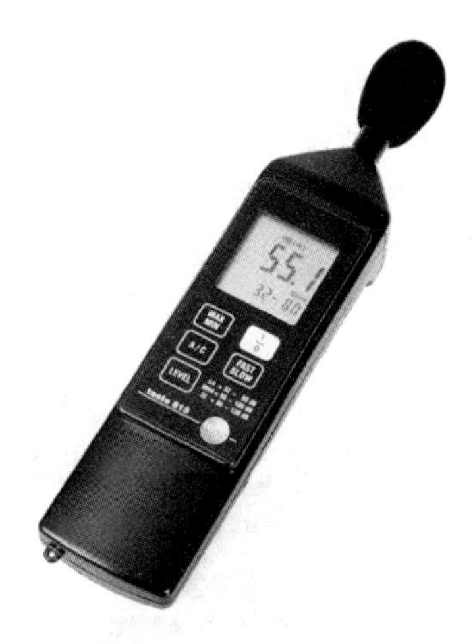

图 10.9 一种声级计实物图

2. 使用方法

（1）电机运行状态要求。电机进行噪声测试时，若为空载，则应根据被试电机的大小决定其安装设备，较小的电机（一般机座号 400 以下）可采用弹性安装方式，较大的电机则为刚性安装。

对于小型异步机的弹性安装，弹性悬挂或者支撑装置的最大、最小伸长量，弹性支撑最大、最小压缩量，弹性支撑的面积和有效质量要求等与电机振动的要求完全一致。

如果无特殊规定，测试时，电机应处于空载运行状态，并在可产生最大噪声的情况下运行，所供电源的质量应符合要求，这一点对测量结果也很重要。

应保持电压和频率均为额定值。对于多速度电机，应分别在各个转速下运行；对可逆运行的电机，应双向都可运行，除非两个方向的噪音不同才会设计一个方向进行试验；对于变频电源供电的异步电动机，应采用变频电源供电，并在规定的调频范围内进行试验，取最大值作为试验结果，建议先从最小频率到最大频率缓慢调频运行，找到最大噪声点后，再设定在该频率空载运行并测其噪声值。

（2）声级计的校准。声级计使用前后要进行校准，以保证测量数据的精确。一般声级计能产生一个标准电信号用于校准内部的电子线路，只进行电校准有时无法达到测量精度要求。通常使用活塞发声器、声级校准器或其他声级校准仪器进行声学校准。

（3）声级计的读数。声级计的噪声测量值为输入衰减器、输出衰减器和电表读数之和。声级计读数直接给出声压级，测量范围为 20～130dB。声级计的指示电表有快挡和慢挡两种响应速度。一般测量时使用快挡，慢挡指示是在表针起伏大于±2dB，而小于±5dB 时用来读出平均值。对于稳态噪声，两种速度响应读数一样。对于脉冲噪声，应使用脉冲声级计，取电表指针最大偏转位置读数，或使用其峰值保持功能。对于间歇噪声，用快挡读取每次出现的最大值，以数次测量的平均值表示，并记录间歇的时间和出现频率。数字式声级计、噪声计可直接从仪表窗口读数。也可以利用仪器的记忆功能，试验结束后再对数据分析处理。

10.2.9　扭矩仪

1. 工作原理

扭矩测试仪主要分成两部分，一部分是数字扭矩仪，可用于扭矩传感器的校准，以及动力系统的传动扭矩、螺栓等紧固件的拧紧扭矩的测试；另外一部分是扭矩传感器，扭矩传感器是对各种旋转或非旋转机械部件上扭转力矩感知的检测，扭矩传感器将扭力的物理变化转换成精确的电信号。一种扭矩传感器和数字扭矩仪的实物如图 10.10 所示。

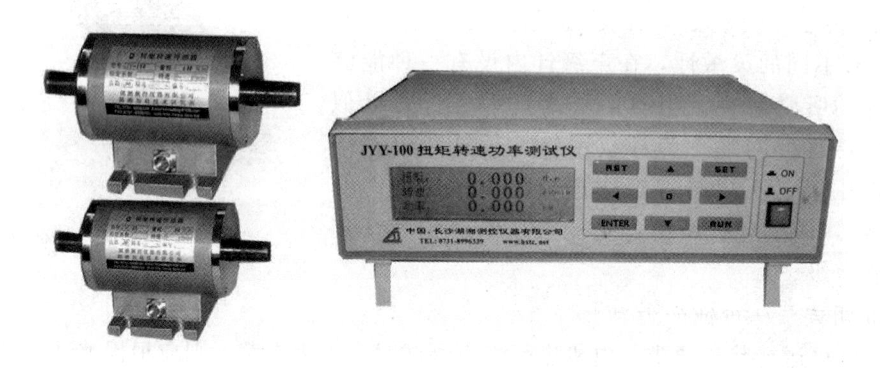

图 10.10　一种扭矩传感器和数字扭矩仪实物图

检测旋转扭矩使用较多的是扭转角相位差式传感器。该传感器是在弹性轴的两端安装两组齿数、形状及安装角度完全相同的齿轮，在齿轮的外侧各安装一只接近传感器。当弹性轴旋转时，这两组传感器就可以测量出两组脉冲波，比较这两组脉冲波前后沿的相位差就可以计算出弹性轴所承受的扭矩量。该方法实现了转矩信号的非接触传递，检测信号输出类型为数字信号。

2. 扭矩传感器的安装

(1) 安装方法。根据轴的连接形式和扭矩传感器的长度，确定原动机和负载之间的距离，调节原动机和负载的轴线相对于基准面的距离，使轴线的同轴度小于 Φ0.03mm。将原动机和负载固定在基准面上，联轴器分别装入各自轴上。调节扭矩传感器与基准面的距离，使轴线与原动机和负载的轴线的同轴度小于 Φ0.03mm，将扭矩传感器固定在基准面上，紧固联轴器，完成扭矩传感器的安装。

(2) 使用环境。扭矩传感器应安装在环境温度为 0～60℃，相对湿度小于 90%，无易燃、易爆品的环境里。不宜安装在强电磁干扰的环境中。

(3) 水平安装方式如图 10.11 所示。

(4) 垂直安装方式如图 10.12 所示。

(5) 弹性柱销联轴器连接。如图 10.13 所示，此种连接方式结构简单，加工容易，维

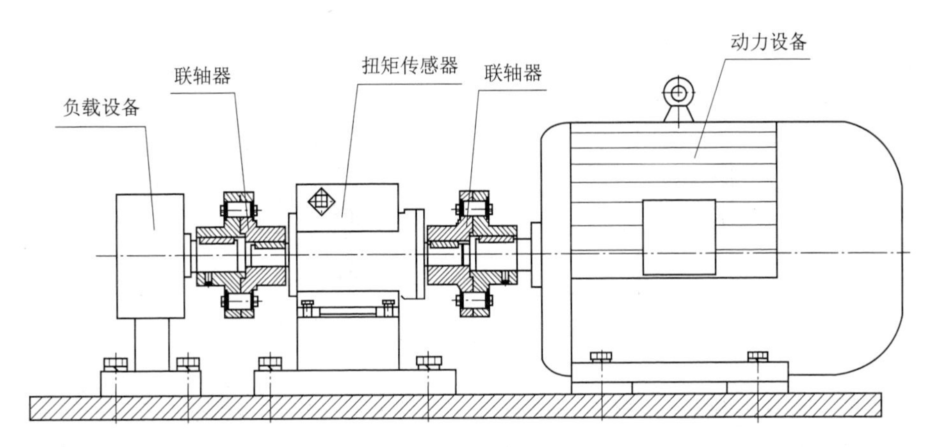

图 10.11　扭矩传感器的水平安装方式示意图

护方便。能够微量补偿安装误差造成的轴的相对偏移，同时能起到轻微减振的作用。适用于中等载荷、起动频繁的高低速运转场合，工作温度为－20～70℃。

（6）刚性联轴器连接。如图 10.14 所示，这种连接形式结构简单、成本低、无补偿性能、不能缓冲减振，对两轴的安装精度较高。在振动很小的工况条件下使用。

3. 扭矩仪的标定

扭矩仪在出厂前已按用户要求完成校准标定，请用户切勿轻易标定，如确实需要重新标定，请按下列步骤进行：

（1）将测试仪上盖打开，“标定”键在测试仪内部。

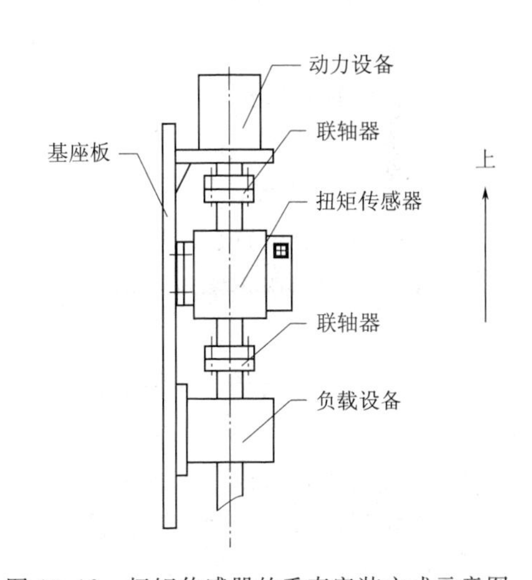

图 10.12　扭矩传感器的垂直安装方式示意图

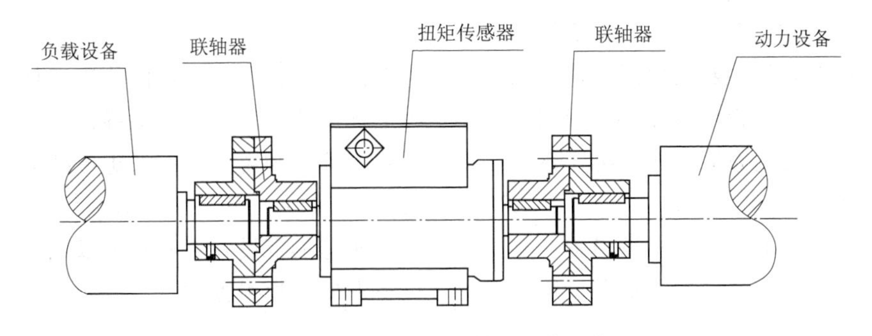

图 10.13　弹性柱销联轴器连接示意图

（2）接上传感器后通电源预热 30min。

（3）在测定值为 0 时，按“清零”键去 0，这时三个显示屏显示都应为“0”。

（4）加正向或负向扭矩负载至传感器量程的 80%～100%。

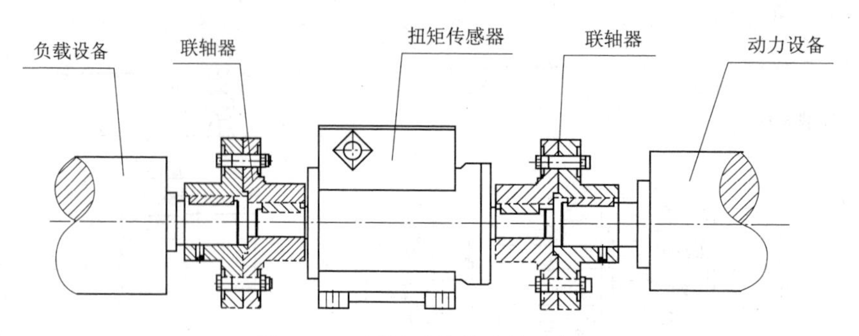

图 10.14　刚性联轴器连接示意图

（5）按下“标定”键约 5s 以上，仪表进入参数标定状态。状态显示屏的“标定”灯亮，扭矩、转速显示屏显示 00000，并且高位闪烁，功率显示屏显示“……”。按动“▲”键或“▼”键可改变当前闪烁位的数值，按动“▶”可改变闪烁位，直到扭矩显示的数与所加的负载相同，然后按“清零”键退出，标定完成。系统会根据所采集到的信号正负，自动将标定数据保存为正 K 值或负 K 值。如扭矩显示屏显示为 00000 时，认为未输入数值，按“清零”键可退出，不影响以前标定的参数。

4. 扭矩仪的参数设置

（1）扭矩零点设置。①扭矩调零必须在绝对空载时进行，一旦调零正确，一般情况下无需经常改动；②扭矩零点一般在 10000 左右；③扭矩调零一般应该在 1s 采样速率下进行；④高速、低速、正转、反转应该具有相同的零点。

（2）扭矩量程设置。即传感器的满量程值（额定扭矩值），可以在扭矩传感器铭牌上标出。

（3）转速传感器齿数。为传感器所配测速齿轮齿数或者光电编码器脉冲数。扭矩传感器本身带的测速齿轮齿数标在传感器铭牌上。例如：当选用齿数为 30 的传感器时，则应当键入参数 30。

（4）设置标定系数。扭矩传感器标定系数在扭矩传感器标定时确定。标定必须在标定台上进行。用户可根据扭矩传感器出厂标定时打在铭牌上的标定系数键入。正确输入系数后，一般不要随便改动，除非是更换传感器或传感器需要重新标定。

进入设置标定系数菜单后，应根据扭矩传感器出厂时铭牌上标出的传感器标定系数键入。这一般是在更换传感器时才根据传感器铭牌上标出的标定系数手动键入。

（5）扭矩标定系数。扭矩标定系数在扭矩传感器标定时得到并在扭矩传感器的铭牌上标出，一般在 5000 左右。

（6）报警设置。键入报警设置，有扭矩报警和转速报警设置两项。可以输入各自的报警设定值，一旦测量值超过报警设定值，扭矩仪将发出声光报警。

5. 测量操作

按上述方法调零和输入各参数后，按下 RUN 键，仪器将键入循环测量，显示扭矩、转速、功率三个测量值。一般情况下，建议扭矩仪连通扭矩传感器后打开电源，预热 5min 后再进入测量。特别是在较低温度环境下。

6. 使用注意事项

（1）接地。扭矩传感器及仪表的接地螺丝一定要可靠接地。特别是在使用变频器场合下，干扰是比较严重的，此时接地问题尤为重要。建议所有仪器和设备：计算机、扭矩传感器、变频器、电机等都要接地，而且要一点接地，不可串接地。在变频器干扰特别严重的情况下，可将扭矩传感器与变频电机进行电磁隔离。

（2）不可带电插拔。严禁带电插拔传感器信号电缆插头座及 RS232 等接口插头，需要插拔电缆插头座时一定要先关掉扭矩仪的电源。

第 11 章　异步电动机的安装与维护

11.1　异步电动机的型号与铭牌

11.1.1　型号代码

1. 电机的型号及编号规则

我国电机产品型号的编制方法是按国家标准 GB 4831—84《电机产品型号编制方法》实施的，由汉语拼音字母及国际通用符号和阿拉伯数字组成。电机产品型号由产品代号、规格代号、特殊环境代号和补充代号四个部分组成，排列顺序为：产品代号—规格代号—特殊环境代号—补充代号。

（1）产品（类型）代号。由电机类型代号、特点代号、设计序号和励磁方式代号四个部分顺序组成。

1）类型代号表征电机的各种类型而采用的汉语拼音字母。

主要有：异步电动机——Y；同步电动机——T；同步发电机——TF；直流电动机——Z；直流发电机——ZF。

2）特点代号表征电机的性能、结构或用途，也采用汉语拼音字母表示。

主要有：			
隔爆型	B	轴流通风机	YT
电磁制动式	YEJ	变频调速式	YVP
变极多速式	YD	起重机用	YZD 等。

3）设计序号是指电机产品设计的顺序，用阿拉伯数字表示。第一次设计的产品不标注设计序号，对系列产品所派生的产品按设计的顺序标注，例如：Y2、YB2。

4）励磁方式代号分别用字母表示，主要有：S——三次谐波；J——晶闸管；X——相复励磁。

（2）规格代号。规格代号主要用中心高、机座长度、铁芯长度、极数来表示。

1）中心高指由电机轴心到机座底角面的高度。根据中心高的不同可以将电机分为大型、中型、小型和微型四种，其中中心高 H 为 45～71mm 的属于微型电动机；H 为 80～315mm 的属于小型电动机；H 为 355～630mm 的属于中型电动机；H 为 630mm 以上属于大型电动机。

2）机座长度用国际通用字母表示：S——短机座；M——中机座；L——长机座。

3）铁芯长度用阿拉伯数字 1、2、3、4、5、6、7 由长至短分别表示。

4）极数分 2 极、4 极、6 极、8 极等。

（3）特殊环境代号。关于电机的特殊环境代号，有如下规定，见表 11.1。

表 11.1　　特殊环境代号表

特　殊　环　境	代　　号	特　殊　环　境	代　　号
“高”原用	G	热带用	T
船（“海”）用	H	湿热带用	TH
户“外”用	W	干热带用	TA
化工防“腐”用	F		

（4）补充代号仅适用于有补充要求的电机。

（5）举例说明。

产品型号为 YB2－132S－4H 的电动机各代号的含义如下：

Y：产品类型代号，表示异步电动机；

B：产品特点代号，表示隔爆型；

2：产品设计序号，表示第二次设计；

132：电机中心高，表示轴心到地面的距离为 132mm；

S：电机机座长度，表示为短机座；

4：极数，表示 4 极电机；

H：特殊环境代号，表示船用电机。

2. 三相异步电动机的型号及编号规则

（1）Y 系列三相异步电动机是一种一般用途的全封闭、半封闭、自扇冷、鼠笼型三相异步电动机。其技术性能和经济指标优良，安装尺寸、功率和规格参数等均完全符合国际电工委员会（IEC）标准。Y 系列电动机具有效率高、节能、堵转转矩高、起动力矩高、噪音低、振动小、运行安全可靠、使用维护方便等一系列优点。外壳防护等级为 IP44，冷却方法为 IC411，连续工作制（S1）。适用于驱动无特殊要求的机械设备，如机床、泵、风机、压缩机、搅拌机、运输机械、农业机械、食品机械等。

（2）电动机产品型号举例。

1）三相异步电动机 Y2－132M－4。

规格代号：中心高 132mm，M 中机座，4 极；产品代号：异步电动机，第二次改型设计。

2）户外防腐型三相异步电动机 Y－100L2－4－WF1。

特殊环境代号：W 户外用，F 化工防腐用，1 中等防腐；规格代号：中心高 100mm，L 长机座，2 号铁芯长度，4 极；产品代号：异步电动机。

11.1.2　铭牌

1. 异步电动机铭牌的含义

在三相异步电动机的外壳上，钉有铭牌。铭牌上注明这台三相电动机的主要技术数据，这是选择、安装、使用和修理（包括重绕组）三相电动机的重要依据，固定在电机上向用户提供厂家商标识别、产品参数铭记等信息的标牌。铭牌主要用来记载生产厂家及额定工作情况下的一些技术数据，以供正确使用而不致损坏设备。

异步电动机一般为系列产品，其系列、品种、规格繁多，异步电动机应在铭牌上表明：相数、额定频率（Hz）、额定功率（kW、W 或 MW）、额定电压（V）、额定电流（A）、额定功率因数（$\cos\varphi$）、转子绕组开路电压（V）及额定转子电流（A）（仅对绕组转子电动机）、额定转速（r/min）、绝缘等级或温升、电机冷却方式、安装形式和电机总重量、出厂年月、出厂编号及制造厂名称等信息。

2. 电机铭牌及识别示例

三相异步电动机的铭牌一般形式如图 11.1 所示。现将该铭牌中所包含的各项参数的意义描述如下：

三相异步电动机			
型号：Y112M-4		编号	
4.0　kW		8.8　A	
380　V	1440　r/min	LW　82dB	
接法　△	防护等级　IP44	50Hz	45kg
标准编号	工作制　SI	B级绝缘	2000年8月
中原电机厂			

图 11.1　某型号三相异步电动机铭牌图

（1）型号。Y112M－4 中“Y”表示 Y 系列鼠笼式异步电动机，“112”表示电机的中心高为 112mm，“M”表示中机座，“4”表示 4 极电机。有些电动机型号在机座代号后面还有一位数字，代表铁芯号，如 Y132S2－2 型号中 S 后面的“2”表示 2 号铁芯长。

（2）额定功率。电动机在额定状态下运行时，其轴上所能输出的机械功率称为额定功率，该电动机为 4.0kW。

（3）额定转度。在额定状态下运行时的转速称为额定转速，该电机额定转速为 1440r/min。

（4）额定电压。额定电压是电动机在额定运行状态下，电动机定子绕组上应加的线电压值。Y 系列电动机的额定电压都是 380V。凡功率小于 3kW 的电机，其定子绕组均为 Y 形连接，4kW 以上都是△(三角形）连接。

（5）额定电流。电动机加以额定电压，在其轴上输出额定功率时，定子从电源获取的线电流值称为额定电流，该电机额定电流为 8.8A。

（6）防护等级。指防止人体接触电机转动部分、电机内带电体和防止固体异物进入电机内的防护等级。

防护等级 IP44 的含义是：IP 为特征字母，为“国际防护”的缩写；44 中第一个 4 表示 4 级防固体（防止大于 1mm 固体进入电机）；第 2 个 4 表示 4 级防水（任何方向溅水应无害影响）。

（7）LW 值。LW 值指电动机的总噪声等级。LW 值越小表示电动机运行的噪声越低。噪声单位为 dB，该电机的总噪声等级为 82dB。

（8）工作制。指电动机的运行方式。一般分为连续（代号为 S1）、短时（代号为 S2）、断续（代号为 S3），该电机的工作制为 S1。

（9）额定频率。电动机在额定运行状态下，定子绕组所接电源的频率，叫额定频率。我国规定电动机正常工作的额定频率为 50Hz。

（10）接法。表示该电动机在额定电压下工作时，定子绕组的连接方式，该电机的接法为△(三角形）连接。

11.2　异步电动机的安装与调试

11.2.1　运输和储存

（1）电动机在运输过程中，应防止电动机倾斜、倒置、雨淋。

（2）电动机不立即使用时，应妥善保存。电动机应储存在清洁、阴凉、干燥、无酸碱、无老鼠或其他腐蚀气体的库房内，避免周围环境温度急剧变化。

（3）电动机储存时不宜堆积太高，以免损坏下层电动机的包装。

11.2.2　开箱和安装前的检查

1. 开箱检查

（1）包装箱上产品名称及规格型号是否符合要求。

（2）包装箱是否完整，是否无损，有无被启封迹象，有无受潮迹象。

（3）按随机文件目录，查对随机文件是否齐全、正确。

（4）核对电动机铭牌上的各项数据是否符合要求。

2. 外观检查

（1）整体有无破损，端盖，底脚有无裂纹。

（2）底脚平面是否有黏结物，若有应当清除。

（3）清除电动机尘土及轴伸处的防锈涂层。

（4）检查电动机在运输过程中有无变形或损坏，紧固件有无松动或脱落，用手转动转子，检查是否转动灵活，不应有转子相擦等现象。

3. 主要尺寸检查

根据收到的电动机型号，检查下列尺寸是否符合要求：

（1）轴中心高。

（2）轴伸直径 D，长度 E，键槽宽度 F 以及深度。

（3）底脚孔的孔径 K 及轴向、径向尺寸 B 和 A。采用凸缘端盖的，应检查其止口直径 N 和安装孔直径 S 和各安装孔之间的距离和对称度。

（4）检查时应使用千分尺、高度尺等专用紧密量具，现场可用钢板尺粗略测量。

4. 螺丝紧固

用扳手或专用工具，逐一检查各安装螺丝和接线螺丝的紧固情况，若发生松动应当立即上紧螺丝，但需注意扭力应当适当，防止拧裂、拧断螺栓或损伤螺丝。

5. 绝缘电阻检查

新安装或停用三个月以上的电动机，用 500V 兆欧表测量电动机每两相之间的绝缘电阻和每相对机壳（对地）的绝缘电阻，对 380V 及以下的低压电动机，其绝缘电阻值标准不低于 0.5MΩ，高压电动机应在 500MΩ 以上。若低于上述规定时，应对电动机进行烘干处理，烘干处理时，绕组最高温度不超过 120℃。烘干处理完毕后，应当再次检查，直至达到要求方可继续进行安装。

11.2.3　通电和试运行

1. 第一次通电起动前的检查

(1) 全部安装完毕后，在可能的情况下，通电前应先用手或者工具使电动机转动，观察有无异常情况，并检查有无影响旋转的异物等，并妥善处理发现的问题。

(2) 检查电动机紧固螺栓是否拧紧，轴承是否缺润滑油。

(3) 再次测量电动机的绝缘电阻。

(4) 电动机的接线是否符合要求，电动机是否可靠接地。电动机接线盒内接线板上有 6 个接线柱对应电动机内绕组引出线。接电源线对应相序，具体标记见表 11.2。

表 11.2　三相异步电动机接线盒接线柱对应关系表

相　序	A	B	C
头	U1	V1	W1
尾	U2	V2	W2

按电动机铭牌规定接法，接成△(三角形) 或 Y(星形) 接法，具体接法如图 11.2 和图 11.3 所示。

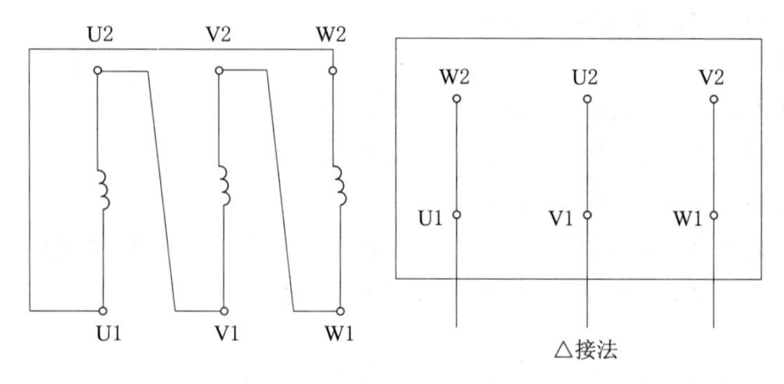

图 11.2　三相异步电动机△(三角形) 接线方法示意图

(5) 检查联轴器的螺栓及销子是否紧固，皮带连接处是否良好，皮带松紧是否合适，机组转动是否灵活，有无卡住，窜动和不正常的声音等。

(6) 检查熔断器的额定电流是否符合要求，安装是否牢固可靠。

(7) 检查起动装置接线是否正确，起动装置是否灵活，触头接触是否良好，起动装置是否可靠接地。

2. 试运行的注意事项

(1) 接通电源，对电动机进行试运行，电动机允许全压或降压起动，但应注意，全压起动时约有 5～7 倍额定电流的起动电流，降压起动时转矩与电压平方成正比。当电网容量不足时，宜采用降压起动，而当静负载相当大时，建议用全压起动。

(2) 电动机起动后，应注意观察电动机旋转方向是否和规定的转向一致、电动机的输

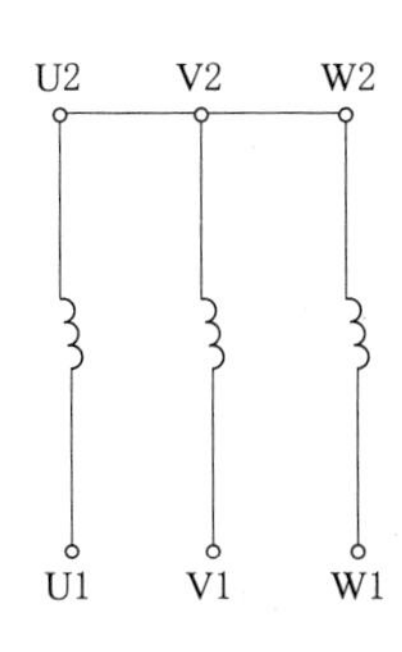

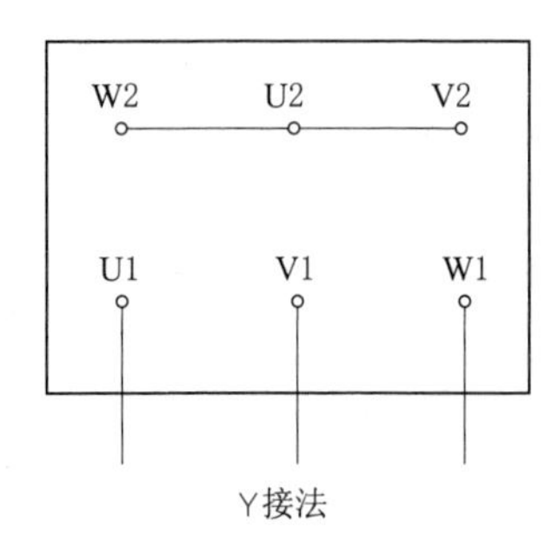

图 11.3　三相异步电动机 Y(星形) 接线方法示意图

入电压和起动电流的数值、传动装置的运转情况、拖动设备及线路电压和电流表，观测电动机和其他系统设备的振动和噪声，若有以下异常现象应当立即停机，查明并排除故障后方能再次起动。

1) 电动机或起动装置冒烟起火。

2) 电动机明显振动。

3) 电动机轴承快速明显发热，一般轴承温度不应超过 95℃。

4) 电动机发生窜轴冲击、扫撞、转速突然下降，温度迅速上升。

5) 电动机启动时，有响声不转动或转速太低。

(3) 电源接通后，若电动机不转应立即停车，以免烧坏电动机。按电动机的技术要求，限制电动机连续起动次数，空载运行一般不超过 3～5 次，电动机长期运行至热状态，停车后又起动，不得超过 2～3 次，时间间隔应当在 30s 以上，否则容易烧坏电动机。几台电动机合用一台变压器时，不能同时起动，应根据容量从大到小逐台起动电动机。

(4) 电动机一般应装有过热保护、短路保护、断路保护和零序多道保护装置，可防止单道保护失灵。根据电动机铭牌上额定电流值调整保护装置的整定值，整定值不应超过电动机铭牌额定值。

(5) 当电源的频率（电压为额定）与铭牌上数值偏差超过 1％或电压（频率为额定）偏差超过 5％时，电动机不能保证连续输出额定功率，连续工作的电动机不允许过载运行。

11.3　异步电动机的日常维护

11.3.1　巡检

电动机日常使用过程中需要按照规定进行定期巡检，通过定期巡检可以使巡检生产人员快速了解电动机的工作状态和运行状况，及时发现异常现象和设备缺陷，从而迅速采取措施消除或防止其扩大，将事故消灭在萌芽中，延长使用寿命，减少经济损失，保证设备安全运行。在对电动机的巡检中，一般有以下几种方法。

1. 日常巡检方法

(1) 眼看。用双目来测视电动机看得见的部位，通过观察其外表变化来发现异常现象，这是巡视检查最基本的方法，例如：检查电动机标志漆色的变化，裸金属色泽、润滑油色等的变化，渗漏，设备绝缘的破损裂纹、污秽等。检查电动机的接地保护是否可靠，电动机外壳有无裂纹，电动机的地脚螺钉、端盖螺栓有否松动，电动机通风和环境的情况。应保持电动机及端罩的干净卫生，保证冷却风扇的正常运行，保证通风口通畅，保证外部环境不影响电动机的正常运行。外部环境温度不宜超过40℃。

（2）耳听。带电运行的设备，不论是静止的变压器还是旋转的电动机，在交流电压的作用下，有很多都能发出表明其运行状况的声音。变压器正常运行时，平稳、均匀、低沉的“嗡嗡”声是我们所熟悉的，这是交变磁场反复作用振动的结果。工作人员随着经验和知识的积累，只要熟练地掌握了这些设备正常运行时的声音情况，遇有异常时，用耳朵就能通过声音高低、节奏、声色的变化、杂音的强弱来判断电动机的运行状况。监听电动机的噪音有无异常情况，监听电动机轴承有无异常的声响。

（3）鼻嗅。检查电动机是否发出异常气味。利用人的鼻子对于某些气味（例如：电动机内部有机绝缘材料过热或绝缘烧蚀时产生的特殊气味）反应较为灵敏的特点，在巡检过程中，一旦嗅到绝缘烧蚀的特殊焦煳味，应立即寻找发热元件的具体部位，判别其严重程度，如是否冒烟、变色及有无异音异状，从而对症查处。检查电动机，轴承部位时，利用嗅觉检查是否挥发油脂味的气味。

（4）用手触试。用手触试电动机来判断缺陷和故障虽然是一种必不可少的方法，但必须分清可触摸的界限和部位，明确禁止用手触试的部位，比如用手背轻触设备，触试前要明确电动机不带电且要有良好的接地。对于一次设备，用手触试检查之前，应当首先考虑安全方面的问题，例如，对带电运行设备的外壳和其他装置，需要触试检查温度时，先要检查其接地是否良好，同时还应站好位置，注意保持与设备带电部位的安全距离。对于二次设备的检查，如感应继电器等元件是否发热，非金属外壳的可以直接用手摸，对于金属外壳且接地确实良好的，也可以用手触试检查。

（5）使用仪器检查。巡检设备使用的点检仪的主要组成部分是红外线测温仪（利用一种灵敏度较高的热敏感应辐射元件，检测由被测物反射来的红外线来确定温度）。电气设备绝缘故障大多是在带电状态下由于过热老化引起的，利用红外线测温仪对设备各强电流部位进行测试，可以及时发现过热异常情况。

2. 日常巡检项目

（1）电动机的发热情况。运行中的电动机温度超过其允许值时，即便不烧坏电动机，也会损坏其绝缘性能，使电动机寿命缩短。常用电动机运行允许温升见表11.3（其中：温升＝电动机温度－周围空气温度）。

表11.3　电动机运行允许温升规定表

电动机部件	绝缘等级	环境温度/℃	允许温升(用温度计法测出)/℃	允许温度(用温度计法测出)/℃
定子绕组	A	35	60	95
铁芯	A	35	65	100
滚动轴承	A	35	60	95

续表

电动机部件	绝缘等级	环境温度/℃	允许温升(用温度计法测出)/℃	允许温度(用温度计法测出)/℃
定子绕组	B	35	75	110
定子绕组	B	40	65	105
铁芯	B	40	75	115

注　绝缘等级相对应的温度：Y——90℃，A——105℃，E——120℃，B——130℃，F——155℃，H——180℃，C——180℃以上

（2）注意电动机的振动。一般测轴承附近的机座或端盖上，振动的标准值与转速有关，3000r/min 时，振动允许值为 0.050mm，1500r/min 时，振动允许值为 0.085mm，1000r/min 时，振动允许值为 0.100mm，750r/min 及以下时，振动允许值为 0.120mm。电动机振动过大，必须详细检查基础是否牢固，地脚螺丝是否松动，皮带轮或联轴器是否松动等。有时振动是由转子不正常而引起，也可能因短路等引起，应详细查找原因，设法消除。

（3）测量电动机的电流值。电动机的额定电流值是室温为 35℃时的数值。电动机电流不允许超过其额定电流值，否则电动机定子线圈将因过热而损坏。电动机散热一般随气温增高而恶化，气温下降而改善，相应的电动机额定电流也随之变化，见表 11.4。

表 11.4　电动机额定电流随温度变化情况表

周围空气温度/℃	相地于额定电流，降低(－)或增加(＋)百分比/%
20 以下	＋8
30	＋5
35	0
40	－5
45	－10
50	－15

（4）注意电源电压变化情况。电源电压的变化是影响电动机发热的原因之一。电源电压增高，则电动机电流增大，发热增加；电源电压过低，当负荷不变时，电流又要增大，定子线圈也会增加发热。一般在电动机出力不变的情况下，允许电源电压在 5%～10%范围内变化，见表 11.5。

表 11.5　电源电压的变化情况表

电压增减	起动转矩及最大转矩	转　差	满载转数	满载效率	功率因数	满载电流	起动电流	温度/℃
比额定电压高 10%	增 21%	减 17%	增 1%	增 1%	减 3%	减 7%	增 10%	增 4%
比额定电压低 10%	减 19%	增 23%	减 2%	减 2%	增 11%	增 11%	减 10%	增 7%

（5）注意三相电压和三相电流的不平衡程度。三相电压的不平衡也会引起电动机的额

外发热。其不平衡程度在额定功率下，允许相间电压差不大于 5%；电动机三相电压不平衡，相应地电流也出现不平衡；或者由于定子绕组三相阻抗的不相等，也会造成电流的不平衡。电动机三相电流的不平衡不是由电压引起的，而是电动机故障或定子绕组有层间短路现象引起。一般三相电动机电流的不平衡程度不允许大于 10%，严重的不平衡一般是由线路缺相引起的。

（6）注意电动机的声音和气味。电动机正常运行时声音应均匀，无杂音和特殊声音。如声音不正常，可能有下述几种情况：

1）大嗡嗡声，说明电流过量，可能是超负荷或三相电流不平衡引起的，特别是电动机单相运行时，声音更大。

2）咕噜咕噜声，可能是轴承滚珠损坏而产生的声音。

3）不均匀的碰擦声，可能是扫膛声，应立即处理。

在电动机的运行中，有时会因超负荷时间过久，以致绕组发生绝缘损坏，就可以嗅到一种特殊的绝缘漆味，当发现电动机的特殊声音和异味后，应立即停车检查，找出原因，消除缺陷，才能继续运行。

（7）轴承。日常巡检中对电机轴承的检查主要判别电动机轴承的声音。可以按照以下原则进行：

1）正常的轴承音。较纯的金属音，没有波动的连续音。球轴承频率高声音尖；滚子轴承多少有咕噜音混杂在内，对运行无影响。

2）轴承保持器声音。轴承的滚子或球与保持器的旋转产生轻微的叽里叽里的音色，含有与旋转速度无关的金属音。尤其长期停止后，以及采用了较大径向游隙轴承的高速电动机运转时更能听到。长期停止后，滚子或球与保持器之间补少量的指定润滑油会消失或变小，这是正常现象。

3）落滚音：横轴电动机的情况下，保持器与滚子间的间隙与轴承半径方向的间隙有关，动转中轴承的顶部附近非负荷圈的滚子比保持器的旋转快，且重力落下打到保持器上产生落滚音。该音在额定转速附近听不到，低速时能听到。

4）咯吱咯吱音：当采用滚子轴承时，多会出现像碾滚子那样咯吱的声音，有时听到咕噜咕噜的声音。同时，轴承架及框架产生反响会很大，有时候为电动机内部的固定部分与旋转部接触产生的较大的声音。该声音是由与负荷无关的非负荷圈滚子的不规则运动产生，为轴承的半径方向间隙与润滑状态等关系所致。咯吱咯吱音在润滑状态不好时容易产生，以及润滑油变硬的冬季、长期停止后的开始运转时较为多见，补充润滑油后声音消失，不是轴承缺陷，继续运行若还出现可定期补油消除，但是如果振动、温度同时有变化的话，则应当考虑更换轴承。

5）轴承的伤音：多由轴承的转动面、球、滚子等的表面有伤、缺陷造成。其周期与旋转速度成比例。高速运转中，大多伴有振动，可从停止之前声音周期变长发现。有时静静地转动转子，在特定的位置也能听到并发现。该故障由轴承的制作、电动机的组装、运输等多方面原因引起，此时需要更换轴承。

6）轴承杂音：该音是轴承的滚子、球与转动面之间进入了脏物产生，声音的大小不规则变化，与旋转速度没有关系。此时更换轴承要仔细清洗。

11.3.2 日常使用中电动机的保养

1. 保持清洁

电动机在运行中，进风口周围至少 3m 内不允许有尘土、水渍和其他杂物，以防止吸进电动机内部，形成短路介质或损坏导线绝缘层，造成匝间短路，电流增大，温度升高而烧毁电动机。要保证电动机有足够的绝缘电阻以及良好的通风冷却环境，才能使电动机保持长期的安全、稳定运行状态。对电动机外壳、风扇罩处的灰尘，油污及其他杂物要经常清除，以保证良好的通风散热，避免对电动机部件的腐蚀。对绕线转子电动机，还应及时清除电刷磨下的碳粉，以免粘附在绕组上造成局部短路事故。

2. 检查安装部位

对电动机外壳和基础架构以及配套设备之间的安装连接部位，应当经常检查，发现有松动的应当及时修复，当发现断裂时，应当及时停车处理。

3. 检查电动机各处紧固螺丝和传动装置

要定期检查电动机各处的接线和螺丝的紧固情况，防止接线和螺丝松脱。检查传动装置运转是否灵活、可靠；联轴器的同心度是否标准；齿轮传动的灵活性等。若发现有滞卡现象，应立即停车，查明原因排除故障后再运行。如果电动机过载运行，主要原因是拖动的负荷过大，电压过低，或被带动的机械卡滞。若过载时间过长，电动机将从电网中吸收大量的有功功率，电流急剧增大，温度也随之上升，在高温下电动机的绝缘迅速老化失效而烧毁。因此，必须经常检查电动机的传动装置。

4. 定期更换轴承润滑脂

对于全封闭式轴承，应根据电动机的使用情况，一到两年更换一次轴承润滑油脂。有注排油装置的电动机，通过这些装置及时更换润滑油脂。

5. 清理电动机内部和加强绝缘

对使用环境中有较多灰尘的电动机，特别是防护等级较低的电动机，应视情况在大修和年度保养时，打开端盖，清除绕组端部的灰尘和油污，还可在端部刷一层防潮绝缘漆以加强绝缘和防潮。

第12章　异步电动机的故障分析与处理

12.1　三相不平衡

12.1.1　三相电流不平衡

正常情况下，当三相电源基本对称时，异步电动机在额定电压下的三相空载电流应当基本对称。电动机三相电流不平衡故障的现象是指当三相电源基本对称时，异步电动机在额定电压下的三相空载电流，其任何一相与平均值的偏差大于平均值的10%。

一般情况下，只有当三相电压不平衡程度过大或电动机本身存在故障的情况下，电动机才会出现较大的三相电流不平衡。三相异步电动机运行时出现三相电流不平衡时，其可能原因有以下几种情况：

（1）三相电源电压不平衡而引起电动机的三相电流不平衡。

（2）电动机绕组匝间短路。

（3）绕组断路或绕组并联支路中一条或几条支路断路。

（4）定子绕组内部分线圈接反。

（5）电动机三相绕组的匝数不相等。

12.1.2　三相电压不平衡

1. 定义

三相电压不平衡度是指三相系统中三相电压的不平衡程度，用电压或电流负序分量与正序分量的均方根百分比表示。三相电压不平衡（即存在负序分量）会引起继电保护误动、电机附加振动力矩和发热。输出额定转矩的电动机，如长期在负序电压含量4%的状态下运行，由于发热，电动机绝缘的寿命将会降低一半，运行时若某相电压高于额定电压，其运行寿命的影响将更为严重。

我国目前执行的GB/T 15543—1995《三相电压允许不平衡度》中，规定了电力系统公共连接点正常电压不平衡度允许值为2%，同时规定了短时的不平衡度不得超过4%，短时允许值的概念是指任何时刻均不能超过的限制值，以保证继电保护和自动装置正确动作。对接入公共连接点的每个用户引起该点正常电压不平衡度允许值一般为1.3%。

2. 原因

当异步电动机三相电压不平衡发生时，电机内就有逆序电流和逆序磁场存在，产生较大的逆序转矩，造成电动机三相电流分配不平衡，使某相绕组电流增大。当三相电压不平衡度达5%时，可使电动机相电流超过正常值的20%以上。一般其主要原因如下：

（1）变压器三相绕组中某相发生异常，输出不对称电源电压。

（2）输电线路长，导线截面大小不均，阻抗压降不同，造成各相电压不平衡。

（3）动力、照明混合共用，其中单相负荷较多，如：电器、电炉、焊机等过于集中于某一相或某二相，造成各相用电负荷分布不均，使供电电压、电流不平衡。

3. 三相负载不平衡及其危害

（1）增加损耗。由于三相交流电的特殊性，三相完全平衡与极端不平衡的情况相比，后者的线路损耗是前者的 6 倍。

（2）降低电压质量。由于三相不平衡，会使有的相电压偏高，有的相电压偏低，影响电动机的正常使用，电压过低会产生电流损坏，电压过高会产生电压损坏。

（3）增加维护成本。三相电压不平衡将直接导致三相电流不平衡现象的发生。从而使电动机效率下降，有效输出减少等。当负载变更或交替时容易发生超载、短路等现象。加速设备部件更换频率，增加设备维护的成本。

（4）损坏用电设备。三相不平衡会导致电动机的局部过热而使局部加速老化或直接烧坏，从而使整个设备损坏。

（5）发生火灾。一旦三相不平衡导致电动机过热乃至产生火花，电气本身或周围环境达到一定条件，就会引起火灾，造成不可估量的损失。

12.2　匝　间　短　路

1. 定义

由于电动机内部同一个绕组是由很多圈（匝）线绕成的，如果绝缘不好，叠加在一起的线圈之间会发生短路的现象。匝间短路后，电动机的绕组因为一部分线圈被短路掉，磁场将会不对称，而且剩余的线圈中的电流比以前大，电动机运行中会振动增大，电流增大，电动机的出力会相对减小。

2. 现象

匝间短路在刚开始时，可能只有两根导线因交叠处绝缘磨坏而接触。由于短路线匝内产生环流，使线圈迅速发热，进一步损坏邻近导线的绝缘，使短路的匝数不断增多、故障扩大。短路匝数足够多时，会使熔断器烧断，甚至绕组烧焦冒烟。当三相绕组有一相发生匝间短路时，相当于该相绕组匝数减少，定子三相电流不平衡。不平衡的三相电流使电动机振动，同时发出不正常的声音。电动机平均转矩显著下降，拖动负载时就显得无力。匝间短路的常见现象有以下几种：

（1）被短路的线圈中将流过很大的环流（可达正常电流的 2～10 倍），使线圈严重发热。

（2）三相电流不平衡，电动机转矩降低。

（3）电动机运行过程中产生明显的杂音。

（4）短路严重时，电动机不能带负载起动。

12.3　相　间　短　路

12.3.1　定子相间短路

1. 原因

定子绕组发生相间故障主要是由定子绕组绝缘损坏引起的。定子绕组绝缘损坏通常是绝缘体的自然老化和绝缘击穿。定子绕组绝缘损坏的主要原因是端部绝缘薄弱的部位长期承受油污与水分的侵蚀。在运行中当油污与湿度严重超标时，绕组整体性较差的绝缘被侵蚀，绝缘水平逐渐下降，使绝缘外部的电位接近或等于导线电位，造成电位外移，这时处于高电位的不同相引线间就开始放电，当湿度偏高时，放电的强度会不断增强，直至发生相间短路造成严重的故障。

引起定子绕组相间短路故障还有一些外部原因，例如：故障部位留存有异物，绝缘体表面落有磁性物质，当异物留存在定子绝缘体表面尤其在中、高阻区部位时，绕组受到电磁力作用而产生振动，磨损绝缘，造成发电机定子绕组短路。另外，转子零部件在运行中端部固定零件脱落、端部接头开焊等也都可能引起绝缘损坏，从而进一步造成定子绕组相间短路故障。

2. 现象

定子绕组相间短路故障对电动机的危害极大，当电动机发生相间短路时，其短路电流值可达额定电流的 10～20 倍，瞬间增大的短路电流可产生强大的电磁力及电磁转矩，使线圈变形、位移，甚至使绝缘被烧焦和破裂，电动机发热或冒烟，熔体烧断。从而产生过热甚至烧毁绕组和铁芯，对定子绕组端部的损害也会十分严重。此外，还会产生极大的冲击而损伤定子绕组、转轴和机座。

3. 定子相间短路的故障类型

(1) 定子端部相间块部位短路：这种相间短路一般是由于相间块大小不合适或者定子在搬运过程中受力移位所导致，轻微的相间短路可以修复，严重的会造成相间放炮导致定子报废。

(2) 定子引线与本线的焊接部位发生的相间短路，这种相间短路一般可以修复。

12.3.2　转子相间短路

转子分为软绕组式和硬绕组式，硬绕组转子相间短路情况发生的极少，软绕组相间短路一般发生在绕组的端部。

12.4　对　地　短　路

1. 定义

电动机的机座外壳是接地的，如果线圈绝缘受损与铁芯或外壳相碰，会形成绕组对地短路故障。造成绕组对地短路故障的原因较多，如绕组受潮、绝缘材料变质失去绝缘能力、导线漆皮破损、电动机因长期过载发热使线圈绝缘老化变脆、铁屑等异物进入电动机内部等。

2. 现象

(1) 有时发生较为轻微的间歇性接地，电动机还可以起动运行；若严重接地会使电动机无法起动。另外接地故障会使电动机外壳带电，会造成人身触电的危险。

(2) 当电动机的外壳接地不良，人体触摸机壳时，会经电动机的绕组接地点通过人身及大地与电源变压器构成电流回路，会造成人身触电事故。但对电动机本身而言，由于仅有一处接地，机壳又不接地，所以不能构成回路。因此，电动机仍然可继续运行，然而若不及时排除此故障，如再有一处接地，将会造成匝间短路或相间短路的事故。

（3）如果电动机外壳接地，虽有一相漏电，但接地电流可以构成回路，这时对人身较为安全，但对电动机本身危险较大。因为对于接地相的绕组匝数会相应地减少。所以，会使该相电流增加。接地点越靠近绕组的引出线端，情况越严重，甚至有烧坏绕组绝缘的危险。所以在电动机运行电路中必须装设漏电保护器。

12.5 转子断条

1. 定义

转子断条是鼠笼式异步电动机转子中常见的一种故障，断条是指转子笼条（铜条）由于电动力矩（启动力矩、制动力矩）的作用或人为作用而发生断裂，笼条中有时是一根或几根断裂，有时是端环中的一条或几处断裂。

2. 原因

（1）电动机的频繁连续起动使导条、端环的温度过高。由于导条与端环焊接多采用中频焊，不同的工艺方法对焊接质量的影响不同，比如端环与每个导条相比，其热容量相差悬殊，可能在导条与端环连接处产生过热使导条质地变得疏松，机械强度变差，因此易在此处发生断裂。

（2）在电动机频繁起动中所引起的集肤效应使转子导条内的温差增大。当导体中通以交流电时，由于导体沿槽高方向上截面各部分的漏磁通匝链数不同，因此感应电势也不相同。使电流在导体截面上的分布不均匀，导体中的电流密度由槽底向槽口逐渐增加，这就引起了导条的热不平衡。

（3）转子导条与铁芯槽之间有装配间隙，导条与端环连接不良，焊得不牢固等问题，都可能引起热点和过分的损耗。

（4）导条电流引起的槽漏磁通可产生电动力，这些电动力与电流的平方成正比，而且是不定向的，可使导条在槽内产生径向移动。因此，使导条挠曲，产生弯曲应力。如果挠度过大，则会导致导条疲劳断裂。可以证明，作用在转子导条上的径向力，在起动期间产生的挠度比槽所容许的要大。实际上，导条的中部比较平直，而导条与端环接头处的应力，比导条移动所容许的应力要大。

（5）风扇装在端环上，风扇环可起到一定的护环作用，且使结构尺寸变小，有利于电动机总体尺寸缩短。但对高速电动机应采取防止导条轴向窜动和端环径向扭转措施。此时，因为风扇的重量加在端环上，旋转时，风扇的风叶是断续的，只要有导致风量不均的因素存在，或风扇的风叶在工艺上达不到完全对称，再加上高速旋转，就有可能使导条在圆周上受到外来的扭矩 M_1 的作用，在导条端部、导条与端环之间还有反作用力 P_1 及旋转的离心力 Q 的作用。

3. 故障现象

（1）轻度断裂时（断裂一根或二根）对电动机的正常运行没有什么明显影响。当断条数量较多时其故障表现为起动转矩降低，可能带不动负载；当电动机满载运行时，转速比正常值低，转子过热，导致整个电动机温升增高，但定子电流并无显著增加。

(2) 转子断裂处多发生在端环和铁芯上。端环处的断裂一般发生在伸出铁芯的端头靠近端环焊接处，裂缝由下而上延伸，断面吻合严密，不仔细观察不易发现，有个别断裂出现电弧烧损现象。铁芯处的裂缝一般发生在铁芯端部，部分槽内也有断裂，而且开口明显，有间隙产生。

(3) 拆开电动机会发现转子断条处有烧黑的痕迹。当断条不严重时，转子外表可能没有丝毫变化，但满载运行时，机身将会剧烈振动，并伴有较大的噪声，三相电流表的指针周期性摆动。

(4) 接上三相电源后，机身振动且伴有噪声；电动机转速降低且随负载增加而迅速下降。空载电流增加，电流表指针周期性摆动；电动机转矩降低，带负荷无力，严重时无法起动，并且该故障现象随着转子断条的增多而严重。

12.6　缺相运行

1. 定义

电动机缺相运行一般是指以下两种现象：

(1) 电动机缺相无法启动。指的是三相异步电动机在起动过程中，所需的 A、B、C 三相有一相或者是两相未接入电动机绕组（因为电路或元件原因），当输入很大的起动电流时，导致电机仍然无法正常启动，并伴有强烈的异常的嗡嗡声，电动机和元件发热明显。

(2) 电动机运行过程中突然缺相。指的是三相异步电动机在运行过程中，A、B、C 三相有一相突然断路，由于电动机轴上的负荷没有发生改变，从而使得电动机进入严重过载状态，定子电流将超过额定值的数倍甚至更高，振动增大，运行中并伴有异常的声响，电动机外壳和元件温度明显升高，转速下降，长时间运行后电动机将会发生冒烟和烧毁的现象。

2. 原因

导致电动机缺相运行的原因一般有以下几种情况：

(1) 由于某相熔断器的熔体接触不良，或熔丝拧得过紧而几乎压断，或熔体电流选择过小，这样通过的电流稍大就会熔断，尤其是在电动机起动电流的冲击下，更容易发生熔体非故障性熔断，从而导致电动机缺相运行。

(2) 电动机控制和保护回路中的控制开关、接触器、继电器的触点氧化、烧伤、松动、接触不良等造成缺相。

(3) 有时电动机负荷回路发生断线情况，一般是安装不当引起导线接头松动所导致的断线，特别是单芯导线放线时产生的小圈扭结，接头受损等都可能使导线在运行过程中发生断线。

(4) 由于电动机长期使用，缺乏保养和维护，使绕组的内部接头或引线松脱或局部过热将其中一项绕组烧断，使其开路运行，导致电动机出现缺相运行。

3. 缺相运行的后果

(1) 三相异步电动机缺一相起动的后果。三相异步电动机缺一相起动时，若三相异步电动机为 Y 形联接，一相断线后，另两相绕组串联成单一电路接入线电压。因电动机中不能建立旋转磁场而不能起动，由于没有起动转矩，起动瞬间相当于短路运行，电动机将会发热，发出嗡嗡的异常响声，时间一长后，电动机绕组冒烟并烧毁。

（2）三相异步电动机运行过程中缺一相的后果。三相异步电动机缺相运行时，电动机仍可旋转，但此时电动机的功率只是额定功率的一半左右，如果额定负载不变，这时的电动机绕组间的电流必然会大幅超过额定电流，同时电动机转速降低，电动机损耗大幅增加，使得电动机发热明显，如不及时排除，长时间运行会烧毁电动机。

12.7　噪　声　异　常

电机内部的异常噪声通常分为三类：电磁噪声、机械噪声和空气动力噪声。

12.7.1　电磁噪声

电磁噪声为电动机空隙中的磁场脉动引起定子、转子和整个电动机结构的振动所产生的一种低频噪声。其数值取决于电磁负荷与电动机的设计参数。电磁噪声主要是结构噪声，可以分为恒定电磁噪声、与负载有关的磁噪声等。电磁噪声产生的主要原因是由于定、转子槽的配合不当，定、转子偏心或气隙过小以及长度不一致等。

电磁噪声主要是由气隙磁场作用于定子铁芯的径向分量所产生的。通过磁轭向外传播，使定子铁芯产生振动变形。其次是气隙磁场的切向分量，与电磁转矩相反，使铁芯齿局部变形振动。当径向电磁力波与定子的固有频率接近时，就会引起共振，使振动与噪声大大增强，甚至危及电动机的安全。

降低电磁噪声一般有以下方法：

（1）尽量采用正弦绕组，减少谐波成分。

（2）选择适当的气隙磁密，不应太高，但过低又会影响材料的利用率。

（3）选择合适的槽配合，避免出现低次力波。

（4）采用转子斜槽，斜一个定子槽距。

（5）定、转子磁路对称均匀，叠压紧密。

（6）定、转子加工与装配，应注意它们的圆度与同轴度。

（7）注意避开共振频率。

12.7.2　机械噪声

机械噪声是电动机运转部分的摩擦、撞击、不平衡以及结构共振形成的噪声。机械原因引起的噪声种类很多，较为复杂。机械噪声源主要有自身噪声源、负载感应噪声源、辅助零部件的机械噪声源。产生原因归结为加工工艺、加工精度、装配质量等问题。一般是由电刷与换向器、轴承、转子、通风系统等产生，据此可将机械噪声分为电刷噪声、轴承噪声、风扇噪声和负载噪声等。另外，直流电机和串励交流电机中的碳刷也会产生振动而引起噪声。在很多情况下，机械噪声往往成为电机噪声的主角。

1. 由转子机械不平衡引起的噪声和控制方法

如果一个电动机转子（包括上面的绕组）的质量分布是均匀的，制造与安装时的圆度和同心度是合格的，则电动机运转平稳，且电动机对轴承或支架的压力只有静压力，即转子本身的重量。如果转子的质量分布是不均匀的，则转子是不平衡的转子，它转动时就会产生附加的离心力，轴承或支架就会受到周期性附加离心力的作用，通过轴承或支架传到外壳，引起振动，产生机械噪声。当不平稳量过大或转速过高，将使电动机无法正常工作，导致转子损坏甚至飞出，后果十分严重。电动机中冷却风扇的不平衡同样也会产生较大的机械噪声。

由于转子不平衡引起的噪声的控制方法是，转子的不平衡量应尽可能减到最小，否则平衡精度就低。平衡精度与电机的规格、性质和使用条件有关。例如：船用电动机颠簸性大，运行时间长，振动和噪声要尽可能的小，平衡精度要求较高。一般来说，如果转子铁芯的直径和长度之比越大，离心力也会越大，对平衡精度要求也会越高，如果转子的转速越高，对平衡精度要求也会越高。

2. 由碳刷装置引起的噪声和控制方法

碳刷装置引起的噪声主要是由碳刷位置安装不良或碳刷与刷架的配合不当，或者碳刷压力不适合及换向器表面有毛刺或圆度不够等多方面的原因所产生的。

由碳刷装置引起的噪声的控制方法如下：

（1）选择多孔或低密度、低弹性模量的材料来抑制换向器和碳刷振动的倾向。

（2）设计矮胖形状的电刷，与换向器接触稳定，比瘦长形状的碳刷噪音小。

（3）碳刷圆弧的半径最好比换向器圆弧的半径小 0.4mm，碳刷圆弧呈锯齿形快速磨合碳刷弧面。

（4）刷架的端部尽可能在公差允许范围内靠近换向器。

（5）刷架的强度应足够支撑电刷，并有弹性的安装。

（6）在考虑热胀冷缩的前提下，尽量缩小碳刷和刷架的间隙。

3. 由轴承转动产生的噪声和控制方法

滚动轴承在转动时，滚动元件相对内、外轴承圈和保持架有相对运动，就是这些相对运动的元件间发生不规则撞击，从而发出噪声。其产生的噪声值与滚珠、内外圈沟槽的尺寸精度、表面粗糙度及形位公差等有很大关系。

降低电机轴承噪声的主要控制方法是：注意轴承的选择，注意轴承径向游隙的大小，过大的径向游隙会引起低频噪声升高，反之，过小的间隙则会导致高频噪声升高。对于噪声要求比较高的电机来说，就要选用低噪声轴承，当负载较小时，可以选用含油滑动轴承，它的噪声和同尺寸的滚动轴承相比一般可小 10dB 左右。

12.7.3　空气动力噪声

电动机的空气动力噪声是由旋转的转子及随轴一起旋转的冷却风扇造成空气的流动与变化所产生的。流动越快、变化越剧烈，则噪声越大。空气动力噪声与转速、风扇与转子的形状、粗糙度、不平衡量及气流的风道截面的变化和风道形状有关。风扇噪声在电动机的噪声中往往占主要地位。

降低空气动力噪声的主要措施如下：

（1）对散热良好或温升不高的电动机尽量取消风扇，消除噪声源。

（2）对外风扇，在设计时尽量不留通风裕量，优先采用轴流式风扇。

（3）外风扇与转轴的联接不用键联接，而采用滚花直纹工艺。

（4）外风扇应厚薄均匀、无扭曲变形、间距均匀，且应校动平衡。

（5）风道中尽量减少障碍物，有专用风道的宜采用流线形风道，风道的截面变化不要突然。

（6）转子的表面应尽量光滑。

12.8 转子不平衡

12.8.1 定义

在理想的情况下电动机的转子旋转与不旋转时，对轴承产生的压力是一样的，此时的电动机转子是平衡的转子。但在实际应用中各种电动机的转子由于材质不均匀或毛坯缺陷、加工及装配中产生的误差，甚至设计时就具有非对称的几何形状等多种因素，造成了转子的不平衡。即使静态平衡了，转子在旋转时，其上每个微小质点产生的离心惯性力不能相互抵消，从而产生了不平衡的离心力，就造成了动态的不平衡。转子不平衡是由于转子部件质量偏心或转子部件出现缺损造成的故障，它是旋转机械最常见的故障之一。据统计，旋转机械约有 70％的故障与转子不平衡有关。

12.8.2 产生的原因

造成转子不平衡的具体原因很多，按发生不平衡的过程可分为原始不平衡、渐发性不平衡和突发性不平衡几种情况。

（1）原始不平衡是由于转子制造误差、装配误差以及材质不均匀等原因造成的，如出厂时动平衡没有达到平衡精度要求，在投用之初，便会产生较大的振动。

（2）渐发性不平衡是由于转子上不均匀结垢，介质中粉尘的不均匀沉积，介质中颗粒对叶片及叶轮的不均匀磨损以及工作介质对转子的磨蚀等因素造成的。其表现为振值随运行时间的延长而逐渐增大。

（3）突发性不平衡是由于转子上零部件脱落或叶轮流道有异物附着、卡塞造成，机组振值突然显著增大后稳定在一定水平上，造成的转子不平衡。

参　考　文　献

［1］　牛维扬，李祖明．电机学［M］.2版．北京：中国电力出版社，2005.
［2］　才家刚．电机故障诊断及修理［M］．北京：机械工业出版社，2016.
［3］　王玉彬．电机调速及节能技术［M］．北京：中国电力出版社，2008.
［4］　潘晓晟，郝世勇．MATLAB电机仿真精华50例［M］．北京：电子工业出版社，2007.
［5］　徐政，胡玉鑫．电机实验教程［M］．北京：中国电力出版社，2008.
［6］　徐永明，胡志强．电机实验［M］．北京：机械工业出版社，2012.
［7］　段述江，吴坚，黄绪永．电机实验［M］．成都：四川大学出版社，2014.
［8］　谢远党．电机及拖动基础实验指导书［M］．武汉：华中科技大学出版社，2011.
［9］　陈宗涛．电机实验技术教程［M］．南京：东南大学出版社，2008.
［10］　王广惠，薛晓萍，张伟．电机实验与技能实训［M］．北京：中国电力出版社，2010.
［11］　张治俊．电机实验［M］．重庆：重庆大学出版社，2011.
［12］　赵家礼．三相交流电动机修理［M］．北京：机械工业出版社，2008.
［13］　羌予践．电机与电力拖动基础教程［M］．北京：电子工业出版社，2008.
［14］　孙克军．电动机使用与维修［M］．北京：化学工业出版社，2013.
［15］　王占元，王宁．交流电机的使用、维护和修理［M］．北京：机械工业出版社，2010.
［16］　李发海，王岩．电机与拖动基础［M］．北京：清华大学出版社，2012.
［17］　孙旭东，王善铭．电机学［M］．北京：清华大学出版社，2006.
［18］　岂兴明．PLC与变频器快速入门与实践［M］．北京：人民邮电出版社，2011.
［19］　邢建中．施耐德变频器的应用［M］．北京：机械工业出版社，2011.
［20］　张明霞，顾亭亭．电机学实验指导［M］．北京：海洋出版社，2015.